华南园林植物（灌木卷）

Landscape Plants of South China (Shrubs)

主编　代色平　阮　琳　张乔松

中国林业出版社
China Forestry Publishing House

图书在版编目（CIP）数据

华南园林植物. 灌木卷/代色平，阮琳，张乔松主编. -- 北京：中国林业出版社，2019.10

ISBN 978-7-5219-0271-6

Ⅰ. ①华… Ⅱ. ①代… ②阮… ③张… Ⅲ. ①园林植物－灌木－华南地区－图集 Ⅳ. ①S68-64

中国版本图书馆CIP数据核字(2019)第201771号

华南园林植物（灌木卷）　　　　　　　　　　　　　　代色平　阮　琳　张乔松　主编

出版发行：中国林业出版社（中国·北京）
地　　址：北京市西城区德胜门内大街刘海胡同7号

策划编辑：王　斌
责任编辑：刘开运　张　健　吴文静　李　楠

印　　刷：北京雅昌艺术印刷有限公司
开　　本：889 mm×1194 mm　1/16
印　　张：26
字　　数：530千字
版　　次：2019年12月第1版　第1次印刷
定　　价：298.00元（USD 45.99）

序

　　华南地区地处热带、亚热带，光热资源丰富，雨量充沛，植被类型多样，植物种类丰富，拥有高等植物超过12000种，其中重要的观赏植物就超过1500种。保护这些重要的植物资源对于维持华南和周边地区的生态平衡、植物资源的持续开发与利用具有重要科学意义和应用价值。

　　广州历来是华南地区的政治、经济、文化和科教中心，引种和利用植物的历史悠久。从广州2000多年前南越王宫御苑遗址的一口水井中曾发现10多万粒种子，经科学家鉴定其植物种类达40多种，除杨梅、荔枝、葡萄、甜瓜、冬瓜等果蔬外，还有杜英、榕树和石竹等观赏植物，可以想象当时皇家花园应该是植被繁茂、各种花草树木和果蔬高低错落、绿叶成荫的情景。公元917年，南汉高祖刘岩定都广州，大兴土木，建造皇家园林，树木种植盛极一时，从现存的"九曜园"（药洲）可见一斑。宋初开始，直至元、明、清，药洲一直是岭南著名的庭园，园中花草树木繁多，景色优美，成为士大夫泛舟觞咏、游览避暑的胜地。明代的药洲，水面上绿莲红荷，堤岸边垂柳飞絮，每逢春日黎明更是景色迷人，故"药洲春晓"成为羊城八景之一。庭院中现存的细叶榕和秋枫古树历经岁月沧桑仍保存至今，郁郁葱葱，古朴苍劲，园中花草丛生，生机勃勃。根据元大德八年（1304年）陈大震、吕桂孙编撰的《南海志》记载，元代的南海、番禺、东莞、增城、清远、新会、香山（珠海、中山）等地就种植有素馨花、茉莉花、使君子、扶桑、刺桐、含笑、金凤花、长春花、蔷薇、芙蓉、蜀葵、蜡梅、鹰爪花、萱草、鸡冠花、金菊、郁李、海棠、罗汉松、紫薇、白薇、女贞、春花木、木棉、石竹、九里香、凌霄、玉簪、碧桃、红梅、映山红等90种，其中多半沿用至今。

　　广州自秦汉至明清，一直是中国对外贸易的重要港口城市。1757年，清政府实行"一口通商"，广州成为唯一的对外通商口岸，一些观赏价值较高的植物也随贸易等活动引进至华南各地，如南洋杉、凤凰木、落羽杉、海枣、荷花玉兰、阔荚合欢等相继引进华南地区，至今仍成为华南园林绿地中常见的观赏植物。然而，大规模有计划的引种工作是从20世纪50年代开始由一些科研单位组织开展，包括中国科学院华南植物园、广东省林业科学研究院、中国林业科学研究院热带林业研究所、海南热带植物园和桂林植物园等单位，它们分别以广东、海南和广西作为引种驯化基地，从国内外引进各种资源植物，开展植物驯化、栽培繁殖技术的研究，评价筛选出一批新优观赏植物应用于园林绿化。近年来，广州市林业和园林科学研究院的科研人员十分重视观赏植物资源收集、评价筛选和开发利用研究，共收集观赏植物932种，重点对木棉科、野牡丹科、杜鹃花科、姜科、三角梅属、羊蹄甲属、矮牵牛属等植物进行系统评价，选育出一批观赏价值较高的新优植物应用于绿地建设。现已推广应用的有野牡丹属（*Melastoma* spp.）、蝶花荚蒾（*Viburnum hanceanum*）、银叶金合欢（*Acacia podalyriifolia*）、美花红千层（*Callistemon citrinus* 'Splendens'）、多花红千层（*Callistemon viminalis* 'Hannah Ray'）、香水合欢（*Calliandra brevipes*）等100多种，为增加华南地区城市植物多样性、丰富城市植物景观提供了优质种源。

由代色平、阮琳、张乔松主编的《华南园林植物（灌木卷）》一书，是以作者近年来从国内外引种的新优花灌木为基础，并收录部分常见园林栽培的花灌木种类，共收载华南园林花灌木451种。书中介绍每种植物的中文名、拉丁名、科属、形态特征、花果期、产地、生长习性、繁殖方法、用途等，其中令人印象深刻的是书中对读者普遍关心的植物繁殖方式和园林用途等进行了详细介绍，对收录的每一种植物都有株形、花、果等精美配图，使得没有植物学基础的读者也可以从图文并茂的介绍中准确鉴定其学名，并可掌握其生物学和生态学特性，提高植物栽培繁殖和养护技术水平。该书内容丰富、物种鉴定准确、文字简明扼要、图片清晰、装帧精美，是一部实用性很强的园林植物工具书，它的出版将促进新优植物在华南园林绿地中的广泛应用，同时也为有关科研、教学单位和植物爱好者在鉴定常见观赏植物时提供参考。是为序。

中国科学院华南植物园研究员、博导

2019年3月22日

前 言

华南地区位于欧亚大陆的东南边缘，主要指中国南岭以南地区，包括广东、广西、海南、香港、澳门、台湾和福建中南部、云南南部等地区。气候类型由南往北分属热带、南亚热带及中亚热带气候。该地区雨量丰沛，光热充裕，年均气温由北至南为18～25℃，最冷月平均气温8～18℃，极端最低温度为−5～5℃，年降水量为1400～2800 mm，是全国光照条件最好、雨量最充沛的区域。地形以丘陵、台地为主，土壤主要有砖红壤、赤红壤、红壤、黄壤、水稻土和火山灰土等。植被以热带雨林、季雨林、南亚热带和中亚热带季风常绿阔叶林等地带性植被为主，园林植物资源丰富，植物生长条件优越。

园林植物以其丰富多样的色彩、千姿百态的形态、芳香怡人的香味美化环境，并以其光合和蒸腾等生理生化过程支撑着城市生态系统，是提高城市环境质量、增进人类身心健康必不可少的组成部分。在遵循"适地适树"的原则基础上，讲求配置艺术，合理搭配，使乔、灌、草各层次植物各得其所，构成稳定、美观和可持续发展的园林植物群落，发挥其美化及改善人居环境的作用。而灌木作为园林植物群落中的中下层，能在乔木与地面、建筑物与地面之间起着连贯和过渡作用，是园林植物群落和城市绿地生态结构中不可或缺的重要组成部分。根据园林植物的形态划分，灌木一般指那些没有明显的主干、呈丛生状态、成熟植株在3 m以下（一般不会超过6 m）的多年生木本植物。除此之外，随着园林植物栽培方式及实际应用的多样化发展，部分藤本植物（如攀缘灌木簕杜鹃*Bougainvillea* spp.、假鹰爪*Desmos chinensis*等）、多年生草本植物（如亚灌木金粟兰*Chloranthus spicatus*、紫茉莉*Mirabilis jalapa*等）、乔木植物（如灌木用的垂叶榕*Ficus benjamina*、小叶蒲桃*Syzygium luehmannii*等），通过人工栽培管理的干预，也可当作灌木状植物应用到园林绿化中。经咨询专家，一致同意将上述植物种类收录进《华南园林植物（灌木卷）》。灌木在园林绿化中被广泛用于广场、花坛及公园的坡地、林缘、花境及公路中间的分车道隔离带、居住小区的绿化带、绿篱等。使用者对灌木植物的生物学和生态学特性的认知和应用已成为城市人工群落营造的重要基础。

广州市林业和园林科学研究院十分重视华南花灌木资源的收集和开发应用研究。自2002年起，共完成该类科技项目13项，本院下属的广东园林植物种质资源圃共收集活体园林植物932种（包括种以下单位），其中灌木411种，占44.1%，为本书编写、出版奠定了坚实的基础。从引种植物对广州气候的生长适应性来看：①副热带季风气候区植物＞热带季风气候区植物＞副热带季风性湿润气候区植物＞热带雨林气候区植物＞热带草原气候区植物＞热带干旱半干旱气候区植物＞地中海气候区植物；②适宜广州引种的地区有：亚洲的中国秦岭—淮河以南、中南半岛、菲律宾群岛北部、南亚等地区，美洲的加勒比海沿岸、亚马孙河沿岸、美国佛罗里达州的东南岸，澳大利亚的昆士兰州东岸沿海，非洲的马达加斯岛的东部等地区；③间接引种植物适应性要优于直接引种植物。现已推广野牡丹属（*Melastoma* spp.）、蝶花荚蒾（*Viburnum hanceanum*）、银叶金合欢（*Acacia podalyriifolia*）、美花红千层（*Callistemon citrinus* 'Splendens'）、多花红千层（*Callistemon viminalis* 'Hannah Ray'）、红粉扑花（*Calliandra tergemina* var. *emarginata*)、哥顿银桦(*Grevillea banksii* 'Robyn Gordon')、红花玉芙蓉(*Leucophyllum frutescens*)、香水合欢(*Calliandra brevipes*)等100多种花灌木应用于华南地区的城市园林绿化中,为增加华南园林植物多样性、丰富城市植物景观作出贡献。

《华南园林植物(灌木卷)》共收集了华南地区已应用的花灌木植物及少量具有开发潜力尚未推广的种类,共81科215属451种(其中包括变型3种,变种23种,栽培种114种)。本书中每一种植物均附有中文名称(部分种类还附有当地常用地方名)、科名、属名和拉丁学名、简要的形态特征、产地分布、生长习性和园林用途等信息,以图文并茂的形式展现各种花灌木的株形、花、果等观赏特征及其在园林上的应用形式,与《华南园林植物(乔木卷)》一脉相承。本书收录的植物按分类系统排列,其中蕨类植物按秦仁昌系统(1978);裸子植物按郑万钧系统(1978);被子植物按哈钦松植物分类系统(Hutchinson;1926—1934)排列。属与种的排列按拉丁字母顺序。本书中植物学名确定依据,主要来源于"中国自然标本馆"(http://www.cfh.ac.cn/)、"《中国植物志》英文修订版"(http://foc.iplant.cn/)等网站以及《中国蕨类植物科属志》《中国高等植物图鉴》《广东植物图鉴》《世界园林植物与花卉百科全书》等专著。

《华南园林植物(灌木卷)》得到了广东省科技厅、广州市科技和信息化局和广州市林业和园林局的大力支持和资助,凝聚了广州市林业和园林科学研究院多年来的园林植物应用经验。除编著人员外,本书还得到了中山大学生命科学学院廖文波教授、广东省农业科学环境园艺研究所徐晔春研究员的辛勤指导,在此表示衷心的感谢。本书对识别华南地区的花灌木、掌握其生态特性并合理进行植物搭配、提高园林植物造景水平具有重要的意义,可帮助园林工作者了解如何合理应用园林植物,丰富园林植物的景观和提升园林植物群落的生态功能。本书可为风景园林设计、绿化施工、风景园林教学人员以及各类植物爱好者学习和参考提供有益的帮助。

限于作者的水平和能力有限,书中有不当和错漏之处,敬请各位同行专家和读者批评指正。

编者
2019年1月

目 录

蕨类植物门
Pteridophyta

福建观音座莲（观音莲座蕨）

【学名】*Angiopteris fokiensis* Hieron

【科属】莲座蕨科，莲座蕨属

【形态简要】灌木状蕨类植物，簇生，株高1～1.5 m。叶柄粗壮肉质，基部扩大成蚌壳状并相互覆叠成马蹄形，如莲座，故得名；叶片阔卵形，长宽各约80 cm，二回羽状，羽片5～7对，互生，二回小羽片披针形，35～40对。孢子囊群呈两列生于距叶缘0.5～1 mm的叶脉上，孢子囊群由8～10个孢子囊组成。

【产地分布】原产于中国华南、西南、华中地区。日本南部也有。

【生长习性】喜阴湿凉爽的环境。生长适温为15～22 ℃，冬季温度维持在10 ℃以上，低于5 ℃则叶片受害，空气湿度保持在60%～80%。要求疏松透气、腐殖质含量丰富的微酸性土壤。

【繁殖方法】孢子、分株繁殖。

【园林用途】大型蕨类观赏植物。可植于庭园及绿化带下，是布置阴生植物区的良好材料。

金毛狗 （金狗脊、金狗头）

【学名】*Cibotium barometz* (L.) J. Sm.

【科属】蚌壳蕨科，金毛狗属

【形态简要】灌木状蕨类植物。根状茎卧生，粗大，形状如狗头，故又名金狗头。顶端生出一丛大叶，柄长可达1.2 m，粗2～3 cm，棕褐色，基部被有一大丛垫状的金黄色茸毛；叶片大，三回羽裂，长可达1.8 m，长宽约相等。孢子囊群生于末回能育裂片的小脉顶端，1~5对，囊群盖坚硬；孢子为三角状的四面形，透明。

【产地分布】原产于中国西南、华南地区，浙江、江西、湖南南部和台湾等地。南亚、东南亚有栽培。

【生长习性】喜温暖、湿润的环境。忌烈日；畏严寒。对土壤要求不严，在肥沃排水良好的酸性土壤中生长良好。

【繁殖方法】孢子、分株繁殖。

【园林用途】叶柄基部被金黄色长茸毛，如玩具金毛狗，惹人喜爱。可栽于荫棚区或庭园阴湿处作耐阴观赏植物，也可盆栽供室内陈设观赏。

笔筒树（白桫椤、笔桫椤）

【学名】*Sphaeropteris lepifera* (Hook.) R. M. Tryon

【科属】桫椤科，白桫椤属

【形态简要】灌木至小乔木状蕨类植物，茎干高可达6 m。叶柄长16 cm或更长，通常上面绿色，下面淡紫色，无刺，密被鳞片，有疣突；鳞片苍白色。孢子囊群近主脉着生，无囊群盖，生长期约4个月，孢子叶一年长两次，分别在4月和10月。

【产地分布】原产于中国台湾、福建等地。厦门、广州、深圳、香港有栽培。

【生长习性】耐阴，忌强光。喜疏松、排水良好的土壤。

【繁殖方法】孢子繁殖。

【园林用途】茎干挺拔，树姿优美，叶色鲜绿。可栽于荫棚区或庭园中阴湿处作大型蕨类观赏植物，也可盆栽供室内陈设观赏。

桫椤（蕨树、树蕨、水桫椤）

【学名】*Alsophila spinulosa* (Wall. ex Hook.) R. M. Tryon

【科属】桫椤科，桫椤属

【形态简要】灌木至小乔木状蕨类植物，茎干高可达6 m或更高。直径10～20 cm，上部有残存的叶柄，向下密被交织的不定根。叶螺旋状排列于茎顶端；茎段端和拳卷叶以及叶柄的基部密被鳞片和糠秕状鳞毛；叶片大，长矩圆形，长1～2 m，宽0.4～1.5 m，三回羽状深裂。孢子囊群着生于侧脉分叉处，囊托突起；囊群盖球形，薄膜质，成熟时反折覆盖于主脉上面。

【产地分布】原产于中国西藏、贵州赤水及南方各地。南亚、东南亚及日本南部有分布。

【生长习性】喜温暖、相对湿度大的环境。半阴性树种。土壤宜疏松酸性。

【繁殖方法】孢子繁殖。

【园林用途】树形美观，树冠犹如巨伞，茎苍叶秀，高大挺拔。可栽于荫棚区或庭园中阴湿处作大型观赏植物，也可栽培室内陈设观赏。

卤蕨（黄金齿朵、金蕨）

【学名】*Acrostichum aureum* L.

【科属】卤蕨科，卤蕨属

【形态简要】灌木状蕨类植物，植株高可达 2 m。根状茎直立，顶端密被褐棕色的阔披针形鳞片。叶厚革质，叶厚革质，簇生，干后黄绿色，光滑；叶柄长 30～60 cm，粗可达 2 cm，基部褐色，被钻状披针形鳞片，向上为枯禾秆色，光滑。叶脉网状，两面可见。孢子囊满布能育羽片下面，无盖。

【产地分布】原产于中国广东、海南、云南等地。琉球群岛、亚洲其他热带地区、非洲及美洲热带有分布。

【生长习性】喜高温。喜生海岸边泥滩或河岸边。

【繁殖方法】孢子繁殖。

【园林用途】可用于盐碱湿地，也可用于荫棚区或庭园中阴湿处作大型蕨类观赏植物。

苏铁蕨（赤蕨头、龙船蕨）

【学名】*Brainea insignis* (Hook.) J. Sm.

【科属】乌毛蕨科，苏铁蕨属

【形态简要】灌木状蕨类植物，植株高达1.5 m。叶簇生于主轴的顶部，略呈二型；叶柄长10～30 cm，粗3～6 mm，棕禾秆色，坚硬；叶片椭圆披针形，革质，长50～100 cm，一回羽状；羽片30～50对，对生或互生，线状披针形至狭披针形。孢子囊群沿主脉两侧的小脉着生，成熟时逐渐满布于主脉两侧，最终满布于能育羽片的下面。

【产地分布】原产于中国广东及广西。印度经东南亚至菲律宾的亚洲热带地区也有分布。

【生长习性】喜阳光充足与温暖气候环境。不耐寒。宜排水良好的微酸性土壤。

【繁殖方法】孢子或组培繁殖。

【园林用途】树形美观，状如苏铁。圆柱形的茎干，绯红色的嫩叶，观赏价值极高。可用于庭园中作观赏植物，也可盆栽供室内陈设观赏。

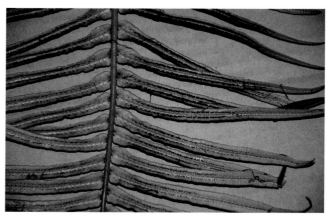

种子植物门
Spermatophyta

苏铁（铁树、凤尾蕉）

【学名】*Cycas revoluta* Thunb.

【科属】苏铁科，苏铁属

【形态简要】常绿灌木至小乔木，干高 2 m 左右，个别可达 8 m 以上。羽状叶从茎的顶部生出，截面呈"V"形，长 75～200 cm，倒卵状狭披针形；羽状裂片达 100 对以上，线形，长 9～18 cm，宽 4～6 mm，硬革质，边缘显著反卷。雌雄异株，雄球花长圆柱形，挺立于青绿的羽叶之中，黄褐色；雌球花扁圆形，浅黄色，紧贴于茎顶。种子卵圆形，微扁，熟时红色。花期：6～8 月；果期：10 月。

【产地分布】中国福建和琉球群岛有分布。世界热带亚热带广泛栽培。

【生长习性】喜暖热湿润气候。喜光，稍耐半阴；耐干旱；生长缓慢，10 余年以上的植株可开花。喜肥沃湿润和微酸性的土壤。

【繁殖方法】播种或分蘖繁殖。

【园林用途】树形古雅，苍劲质朴，主干粗壮，坚硬如铁，羽叶洁滑光亮，四季常青，为珍贵观赏树种。南方多植于庭前阶旁及草坪内，北方宜作大型盆栽，布置庭院屋廊及厅室。

鳞秕泽米铁 （南美苏铁、美叶凤尾铁、墨西哥苏铁）

【学名】*Zamia furfuracea* Ait.

【科属】泽米铁科，泽米铁属

【形态简要】常绿大灌木，高可达3 m。羽状复叶平展，羽片长圆形至卵状长圆形，厚革质，翠绿而光亮，背面密被鳞秕。雌雄异株，雄球花圆柱形，灰绿色；雌球花圆柱形，被淡褐色绒毛。成熟的种子淡红色。

【产地分布】原产于墨西哥和哥伦比亚。中国华南地区有栽培。

【生长习性】喜高温湿润气候。喜光照充足，半阴处也能生长；极耐干旱，性强健。以排水良好、富含有机质的土壤为佳。

【繁殖方法】播种或分株繁殖。

【园林用途】全株终年青翠，直立的雌球花犹如小棒锤，成熟的种子色彩鲜艳，颇具观赏价值。可于公园、庭园、校园等处作石景布置，也可盆栽观赏。

圆柏（桧柏、珍珠柏）

【学名】 *Juniperus chinensis* L.

【科属】 柏科，圆柏属

【形态简要】 常绿乔木，高可达20 m，可作灌木栽培；树皮深灰色，纵裂；幼树的枝条通常斜上伸展，形成尖塔形树冠；小枝通常直或稍成弧状弯曲，生鳞叶的小枝近圆柱形或近四棱形。叶二型，即刺叶及鳞叶；刺叶生于幼树之上，老龄树则全为鳞叶，壮龄树兼有刺叶与鳞叶。雌雄异株，稀同株，雄球花黄色。球果近圆球形，径6～8 mm。

【产地分布】 原产于中国内蒙古乌拉山、河北、山西、山东、江苏、浙江、福建、安徽、江西、河南、陕西南部、甘肃南部、四川、湖北西部、湖南、贵州、广东、广西北部及云南等地。朝鲜、日本有分布。

【生长习性】 喜温凉至温暖气候。喜光树种，较耐阴；耐寒，耐热；忌积水；耐修剪，易整形。对土壤要求不严，能生于酸性、中性及石灰质土壤上，但在中性、深厚而排水良好处生长最佳。

【繁殖方法】 播种或扦插繁殖。

【园林用途】 幼龄树树冠整齐圆锥形，树形优美，大树干枝扭曲，姿态奇古，可以独树成景，是中国传统的园林树种。

常见栽培应用的变种有：

龙柏（*J. chinensis* L. var. *kaizuca* Hort.）：小枝密集，枝条螺旋状向上直伸，盘旋上升。叶密生鳞叶，排列紧密，幼叶淡黄绿色，老叶深绿色。是修剪造型好树种，自然生长成圆锥形。适宜孤植、列植与群植于庭园，也可将其攀揉盘扎成各种动物形象，或可修剪成圆球形、鼓形、半球形，可栽植成绿篱。

龙柏

龙柏

龙柏

罗汉松

【学名】*Podocarpus macrophyllus* (Thunb.) D. Don

【科属】罗汉松科，罗汉松属

【形态简要】常绿乔木，高可达20 m，可作灌木栽培。树皮灰色或灰褐色，浅纵裂，成薄片状脱落；枝开展或斜展，较密。叶螺旋状着生，条状披针形，微弯，长7～12 cm，宽7～10 mm。雄球花穗状、腋生，常3～5个簇生于极短的总梗上；雌球花单生叶腋，有梗，基部有少数苞片。种子卵圆形，径约1 cm，先端圆，熟时肉质假种皮紫黑色，有白粉，种托肉质圆柱形，红色或紫红色。花期：4～5月；果期：8～9月。

【产地分布】原产于中国江苏、浙江、福建、安徽、江西、湖南、四川、云南、贵州、广西、广东等地区。日本也有分布。

【生长习性】喜温暖湿润气候。较耐阴；耐寒性弱；耐盐碱；对二氧化硫、硫化氢、氧化氮等多种污染气体抗性较强，抗病虫害能力强。喜排水良好湿润的砂质壤土。

【繁殖方法】播种或扦插繁殖。

【园林用途】树姿葱翠秀雅，苍古矫健，叶色四季鲜绿，有苍劲高洁之感。既可栽培于庭园作观赏树，又可作盆景树。

紫花含笑（粗柄含笑）

【学名】*Michelia crassipes* Law

【科属】木兰科，含笑属

【形态简要】常绿灌木或小乔木，高5 m。芽、嫩枝、叶柄、花梗均密被红褐色或黄褐色长绒毛。叶革质，披针形或窄椭圆形，长7～13 cm，宽2.5～4 cm，下面脉上被长柔毛；托叶痕达叶柄顶端。花极芳香，花被片6，紫红色或深紫色，椭圆形；雌蕊群密被柔毛。聚合果穗状，果梗粗短。花期：4～6月；果期：8～9月。

【产地分布】原产于中国广东北部、湖南南部和广西东北部。

【生长习性】喜温暖湿润气候。喜阳光充足，耐阴；生长适温18～28 ℃，耐寒性强于含笑；极耐旱，不耐水涝；抗病虫害。对土壤要求不严，喜肥沃、疏松和排水良好的壤土。

【繁殖方法】播种、高压或嫁接繁殖。

【园林用途】枝叶浓绿，姿态优美，花紫红色或紫黑色，色彩独特，极为芳香，为著名的珍稀芳香树种。适合作园景树、行道树或大型盆栽。

含笑花（含笑）

【学名】*Michelia figo* (Lour.) Spreng.

【科属】木兰科，含笑属

【形态简要】常绿灌木，高2～3.5 m。树冠圆整，树皮灰褐色，分枝繁密。芽、嫩枝、叶柄、花梗均密被黄褐色绒毛。叶革质，肥厚，倒卵状椭圆形，长4～9 cm，先端短钝尖，基部楔形或阔楔形。花淡黄色或乳白色，花被片6，边缘略呈紫红色，肉质，长1～2 cm；雌蕊群无毛。花开放时含蕾不尽开，故称"含笑花"。聚合果长2～4 cm；蓇葖扁圆。花期：4～6月；果期：9月。

【产地分布】原产于中国华南南部各地区。全国各地有栽培。

【生长习性】喜温暖湿润气候。喜半阴环境；不耐寒；不耐旱；不耐贫瘠；对氯气有较强的抗性。要求排水良好、肥沃疏松的酸性土壤。

【繁殖方法】扦插、播种、压条、嫁接或分株繁殖。

【园林用途】树形、叶形俱美，花朵香气浓郁，是热带和亚热带园林中重要的花灌木。可广泛应用于庭院、城市园林和风景区绿化。喜半阴，最宜配置于疏林下或建筑物阴面，也可盆栽观赏。

广东含笑

【学名】*Michelia guangdongensis* Y. H. Yan et al.

【科属】木兰科，含笑属

【形态简要】常绿灌木或小乔木，高2～6 m。树冠卵圆形，树皮灰褐色，芽、嫩枝密被红褐色平伏短柔毛。单叶互生，全缘，革质；嫩叶上面疏被红褐色短柔毛，下面密被红褐色平伏长柔毛，呈锈色光泽；老叶上面深绿，光滑无毛，下面稠密长柔毛的色泽尤浓。花单生于叶腋，芳香；花蕾长卵球形，外面密被红褐色平伏长柔毛，花被片9～12，白色，花冠直径6～8 cm；雌蕊群圆柱形。花期：3月；果期：9～10月。

【产地分布】原产于中国广东英德、乳源等地。

【生长习性】喜温暖、湿润气候。喜光；耐寒；略耐贫瘠。在疏松肥沃、湿润而排水良好的酸性土壤至微酸性土壤中生长良好。

【繁殖方法】播种、嫁接繁殖。

【园林用途】广东特有的优良乡土树种。嫩枝全部、老叶底部及叶柄、花蕾密被红褐色柔毛，光泽闪闪发亮；花量多，洁白如雪，芳香四溢，树形优雅，是难得的庭院园林景观树种。宜于庭院或公园孤植、对植、丛植或群植，增添园林的彩化和香化。亦可盆栽观赏。

云南含笑（皮袋香）

【学名】*Michelia yunnanensis* Franch. ex Finet et Gagnep.

【科属】木兰科，含笑属

【形态简要】常绿灌木至乔木，高可达 4 m。芽、嫩枝、嫩叶上面及叶柄、花梗密被深红色平伏毛。叶革质，倒卵形、狭倒卵形或狭倒卵状椭圆形，长 4～10 cm，宽 1.5～3.5 cm，先端圆钝或短急尖，基部楔形；侧脉每边 7～9 条。花梗粗短；花白色，极芳香，花被片 6～12（17）片。聚合果通常仅 5～9 个蓇葖发育，蓇葖扁球形。花期：3～4 月；果期：8～9 月。

【产地分布】原产于中国云南中部、南部。广东、福建有栽培。

【生长习性】喜温暖湿润气候。喜阳，忌夏日曝晒。喜排水良好的微酸性土壤。

【繁殖方法】播种、扦插或嫁接繁殖。

【园林用途】枝叶茂密，花极芳香，为优良的观花植物；叶有香气，可磨粉作香料。

夜香木兰（夜合花）

【学名】*Lirianthe coco* (Lour.) N. H. Xia et C. Y. Wu

【科属】木兰科，长喙木兰属

【形态简要】常绿灌木或小乔木，高2～4 m。叶革质，椭圆形，狭椭圆形或倒卵状椭圆形，长7～14 cm，宽2～4.5 cm，先端长渐尖，基部楔形，边缘常呈波状。花梗向下弯垂，花圆球形，花被片9枚，肉质，倒卵形；外面的3片带绿色，内两轮纯白色。聚合果长约3 cm，种子卵圆形，茎约1 cm。花期：5～6月，广州全年可持续开花；果期：9～10月。

【产地分布】原产于中国华南地区。越南也有分布。

【生长习性】喜温暖湿润气候。喜光；耐旱；忌石灰质土壤；耐瘠薄。宜排水良好、肥沃、微酸性砂质土壤。

【繁殖方法】靠接法、高空压条法或扦插繁殖。

【园林用途】树姿小巧玲珑，花洁白芳香，昼开夜闭。宜公园、庭院、校园配植，也可盆栽观赏。

二乔玉兰

【学名】*Yulania × soulangeana* (Soul. -Bod.) D. L. Fu

【科属】木兰科，玉兰属

【形态简要】落叶小乔木，高6～10 m，可做灌木栽培。叶纸质，倒卵形，托叶痕约为叶柄长的1/3。花先叶开放，匙形或倒卵形，外面浅红色至深红色，里面白色至粉红色，花被片6～9，外轮3片花被片常较短，约为内轮长的2/3；雌蕊群圆柱形，无毛。聚合果圆柱形。花期：2～3月，果熟期：9～10月。

【产地分布】本种是玉兰（*Yulania denudata*）与紫玉兰（*Yulania liliflora*）杂交种。广州、杭州、昆明有栽培。

【生长习性】喜温凉至温暖湿润气候，生长适温为15～28 ℃。幼苗较耐阴，成年植株喜阳光充足，不耐水涝。喜肥沃、疏松和排水良好的壤土。

【繁殖方法】高压或嫁接繁殖，早春为适期。

【园林用途】树形优美，花色绚丽多彩，为著名的园林观赏树种，适合作园景树、行道树或大型盆栽。

矮依兰（小依兰）

【学名】*Cananga odorata* (Lamk.) Hook. f. et Thoms. var. *fruticosa* (Craib) Sinclair

【科属】番荔枝科，依兰属

【形态简要】常绿灌木，高1～2 m。叶膜质至薄纸质，卵状长圆形或长椭圆形。花序单生于叶腋内或叶腋外，倒垂，黄绿色，有香气。花期：5～8月；果期：秋季。

【产地分布】原产于泰国、印度尼西亚及马来西亚。中国广东、云南、海南有栽培。

【生长习性】喜温暖湿润气候。喜光；生长适温22～30℃；耐旱。喜疏松肥沃微酸性土壤。

【繁殖方法】播种繁殖。

【园林用途】花芳香，适合公园、居民区或庭院作芳香树种栽培，也可大型盆栽观赏。

鹰爪花（五爪兰、鹰爪兰）

【学名】*Artabotrys hexapetalus* (L. f.) Bhandari

【科属】番荔枝科，鹰爪花属

【形态简要】常绿攀缘灌木，高1.5～4 m。分枝密，嫩枝绿色，有光泽。叶互生，纸质或软革质，长圆形或阔披针形，长5～18 cm，顶端渐尖或急尖，基部楔形。花与叶对生，1～2朵着生于长约3 cm的钩状总花梗上，淡绿色或淡黄色，芳香。浆果状聚合果，数个聚于果托上，果球形至卵圆形，淡绿色至淡黄色。花期：5～8月；果期：5～12月。

【产地分布】原产于中国长江以南各地。亚洲热带其他地区也有分布。

【生长习性】喜温暖至高温高湿气候。喜光，耐半阴；不耐寒；忌涝；耐瘠薄；萌芽力强，耐修剪。喜疏松肥沃而排水良好的土壤。

【繁殖方法】播种、扦插或压条繁殖。

【园林用途】树形优美，花美芳香，果形奇特，良好的观花、观果植物。常栽培于公园或屋旁，孤植于墙边以之攀缘，也适于花架、花棚的垂直绿化，或用于山石、林间的点缀。

假鹰爪

【学名】*Desmos chinensis* Lour.

【科属】番荔枝科，假鹰爪属

【形态简要】直立或攀缘状灌木，高1~2.5 m。茎皮褐色，分枝多而细柔。叶互生，薄纸质或膜质，长圆形或椭圆形，长5~13 cm，基部圆形或稍偏斜，揉之闻有芳香气味。花两性，黄白色，状似鹰爪，单朵与叶对生或互生。果熟时红色，每节有一粒种子，球形。花期：夏至冬季；果期：6月至翌年春季。

【产地分布】原产于中国广东、广西、云南及贵州。印度、老挝、柬埔寨、越南、马来西亚、新加坡、菲律宾和印度尼西亚也有分布。

【生长习性】喜温暖湿润气候。喜光，耐半阴；不耐寒；耐瘠薄。对土壤要求不严，但以疏松湿润排水良好土质为佳。

【繁殖方法】播种、扦插或压条繁殖。

【园林用途】花美香浓，香气持久，一树花开，满园皆香。果序念珠状，从绿色变成黄色、红色再变成紫色，颇具观赏性。宜庭园或公园孤植、丛植或阳台、天台盆栽观赏；群落下层植物配置，或作棚架绿化。

紫玉盘（油椎、油饼木）

【学名】*Uvaria macrophylla* Roxb.

【科属】番荔枝科，紫玉盘属

【形态简要】直立灌木，高约 2 m。枝条蔓延性，全株均被黄色星状柔毛。叶革质，长倒卵形或长椭圆形，长 10～23 cm，宽 5～11 cm，顶端急尖或钝，基部近心形或圆形。花 1～2 朵，与叶对生，暗紫红色或淡红褐色。果卵圆形或短圆柱形，暗紫褐色，顶端有短尖头。种子圆球形。花期：3～8 月；果期：7 月至翌年 3 月。

【产地分布】原产于广东、广西和台湾。越南和老挝也有分布。

【生长习性】喜高温多湿气候。喜光；忌寒害；耐旱；耐瘠薄；冬季需避风。宜富含有机质且排水良好的壤土或砂质壤土。

【繁殖方法】播种繁殖。

【园林用途】花大色艳，状似圆盘，果红鲜亮，极具观赏价值，是优良的庭院观赏树种。可孤植、列植或群植布置庭园。

阔叶十大功劳（土黄柏、土黄连）

【学名】*Mahonia bealei* (Fort.) Carr.

【科属】小檗科，十大功劳属

【形态简要】常绿灌木或小乔木，高达0.5～4 m。植株丛生，直立或匍匐生长。叶卵形至卵状椭圆形，叶缘反卷，上面暗灰绿色，背面被白霜，两面叶脉不明显。总状花序直立，黄色，芳香。果实卵圆形，熟时深蓝色，被白粉。花期：9月至翌年1月；果期：翌年3～5月。

【产地分布】原产于中国秦岭、大别山以南地区。日本、墨西哥、美国、欧洲等地有栽培。

【生长习性】喜温暖湿润气候。喜光，耐半阴；较耐寒；不耐干旱和水湿；萌蘖力较强。对土壤要求不严，喜疏松且排水良好、富含腐殖质的土壤。

【繁殖方法】播种、扦插或分株繁殖。

【园林用途】叶片奇特，四季常青，嫩叶有粉红至淡绿等色彩，花序金黄色，果实深蓝色，艳丽而高雅。可用于布置花坛、岩石园、庭园、水榭，常与山石配置，也可作绿篱，还可作冬季切花材料。

十大功劳（狭叶十大功劳、细叶十大功劳、老鼠刺）

【学名】*Mahonia fortunei* (Lindl.) Fedde

【科属】小檗科，十大功劳属

【形态简要】常绿灌木，高0.5～4 m。茎具抱茎叶鞘。叶硬革质，表面亮绿色，背面淡绿色，奇数羽状复叶，小叶5～9枚，狭披针形，叶缘有针刺状锯齿6～13对，入秋叶片转红。顶生直立总状花序，长3～5 cm，花黄色。浆果卵形，果熟时蓝黑色，微被白粉。花期：8～10月；果期：9～12月。

【产地分布】原产于中国广西、四川、贵州、湖北、江西、浙江。华南地区有栽培。

【生长习性】喜温暖湿润气候。耐半阴，忌烈日曝晒；不耐高温，较耐寒，能耐0℃低温；极不耐碱；不耐干旱和水湿。喜排水良好的酸性腐殖土。

【繁殖方法】播种、扦插或分株繁殖。

【园林用途】枝繁叶茂，叶色彩丰富，花序金黄色，果实蓝黑色，艳丽而高雅。可丛植于园路转角、岩石园、林缘、草地边缘及池畔，也可做绿篱、地被。

南天竹（南天竺、红杷子、天烛子）

【学名】*Nandina domestica* Thunb.

【科属】小檗科，南天竹属

【形态简要】常绿灌木，高约2 m。茎丛生，少分枝。羽状复叶互生，各级羽片全对生；小叶革质，近无柄，椭圆状披针形，顶端渐尖，基部阔楔形，全缘，长4～10 cm，深绿色，冬季变红色，两面光滑无毛。圆锥花序顶生，长20～35 cm，白色。浆果球形，鲜红色，偶有黄色，内有种子两个，种子扁圆形。花期：3～6月；果期：5～11月。

【产地分布】原产于中国华南、华中、华东及华北部分地区。日本、北美东南部也有分布。

【生长习性】喜温暖湿润气候。耐阴性强；耐寒；耐旱，也耐湿；耐瘠薄，不耐盐碱；萌蘖性强，耐修剪；怕干风侵袭；生长速度较慢，寿命长。喜磷钾肥，宜肥沃排水良好的土壤。

【繁殖方法】播种、分株或扦插繁殖。

【园林用途】羽叶开展而秀美，秋冬时转为红色，穗状果序上红果累累，观叶赏果的优良园林树种。适于庭院、草地、路旁、水际丛植及列植，也可作盆栽观赏；同时，枝叶或果枝是良好的插花材料。

常见栽培应用的品种有：

'火焰'南天竹（*N. domestica* Thunb. 'Firepower'）：常绿小灌木，幼叶暗红色，后变绿色或带红晕。入冬成红色，红叶经冬不凋。

'火焰'南天竹

草珊瑚（九节茶、节骨茶）

【学名】*Sarcandra glabra* (Thunb.) Nakai

【科属】金粟兰科，草珊瑚属

【形态简要】常绿亚灌木，高0.5～1.2 m。茎无毛，有膨大的节，叶椭圆形，对生。花黄绿色，夏末秋初开出黄绿色的花朵。核果球形，冬月成熟，熟时亮红色。

【产地分布】原产于中国长江以南各地区。

【生长习性】喜温暖湿润气候。喜阴，生性强健，耐寒性强。喜生长于水边湿地，对土壤要求不严，但以疏松、肥沃、腐殖质丰富和排水良好的壤土为佳。

【繁殖方法】播种或扦插繁殖。

【园林用途】叶色常绿，红果醒目，耐阴，适宜盆栽，作室内观赏，也可栽于花坛、花基或小路拐角处点缀园林。

金粟兰（珠兰、珍珠兰、鱼子兰、茶兰）

【学名】*Chloranthus spicatus* (Thunb.) Makino

【科属】金粟兰科，金粟兰属

【形态简要】常绿亚灌木，高0.3～0.6 m。茎圆形，无毛。叶革质，对生，倒卵状椭圆形，长4～11 cm，宽2～6 cm，边缘有钝齿，齿尖有一腺体，下面脉纹显明。穗状花序排列成圆锥花序状，常顶生；花小，黄色，芳香。核果卵状球形。花期：4～7月；果期：8～9月。

【产地分布】原产于中国云南、四川、贵州、福建、广东，全国各地广为栽培。日本也有栽培。

【生长习性】喜温暖湿润环境。喜阴，忌烈日直晒；较耐寒。喜疏松肥沃、富含有机质和排水良好的壤土。

【繁殖方法】扦插、压条或分株繁殖。

【园林用途】植株低矮，枝条柔软，空间伸展方向丰富多样，覆盖度好，花期长，花香清雅、醇和。可用于庭院、公园等绿地绿化，也可盆栽观赏。

时钟花

【学名】*Turnera ulmifolia* L.

【科属】时钟花科，时钟花属

【形态简要】常绿亚灌木，株高0.6～1m。叶互生，长卵形，边缘有锯齿，叶基有一对明显的腺体。花朵开于枝条末端的叶腋处，花冠金黄色，5瓣，每朵花开至午后即凋谢。花期：2～6月；果期：4～9月。

【产地分布】原产于南美热带雨林。中国华南地区和云南有栽培。

【生长习性】喜高温高湿气候。喜光。以疏松或砂质壤土为佳。

【繁殖方法】播种或扦插繁殖。

【园林用途】花期长，花色艳丽，花开奇异。可用于庭院美化，也可盆栽观赏。

白时钟花

【学名】*Turnera subulata* Sm.

【科属】时钟花科，时钟花属

【形态简要】常绿亚灌木，株高0.3～0.8 cm。叶互生，椭圆形至倒阔披针形，边缘有锯齿。花朵开于枝条末端的叶腋处，花冠白色，中心黄至紫黑色，5瓣，每朵花开至午后即凋谢。花期：8～10月。

【产地分布】原产于南美热带雨林。中国华南地区、云南有栽培。

【生长习性】喜高温高湿气候。喜光。疏松或砂质壤土为佳。

【繁殖方法】播种或扦插繁殖。

【园林用途】花开奇异，上午开放，下午自动闭合。可用于庭院美化，也可盆栽观赏。

黄花倒水莲 （黄花远志、吊吊黄）

【学名】*Polygala fallax* Hemsl.

【科属】远志科，远志属

【形态简要】常绿灌木，高1～3 m。单叶互生，叶片膜质，披针形至椭圆状披针形，长8～17（～20）cm，宽4～6.5 cm，先端渐尖，基部楔形至钝圆，全缘，叶面深绿色，背面淡绿色，两面均被短柔毛，主脉上面凹陷，背面隆起。总状花序顶生或腋生，长10～15 cm，直立，花后延长达30 cm，下垂，黄色。蒴果阔倒心形至圆形，绿黄色。花期：5～8月；果期：8～10月。

【产地分布】原产于中国长江以南各地区。

【生长习性】喜温暖湿润气候。喜光，耐半阴；不耐高温，广州地区越夏困难，耐寒；不耐干旱。喜肥沃、富含有机质和排水良好的壤土。

【繁殖方法】播种繁殖。

【园林用途】串串花序下垂，富丽堂皇，洒脱自然，故有"吊吊黄"美誉，是优良观花植物。庭院、公园种植观赏，宜植于假山下面、墙边、岩石园等处，效果更佳。

海葡萄（树蓼）

【学名】*Coccoloba uvifera* L.

【科属】蓼科，海葡萄属

【形态简要】落叶灌木至乔木，高可达5 m以上。树皮平滑呈黄色。叶单生或互生，叶子很大，全缘，革质，圆形，直径达25 cm，叶柄短，主脉呈红色，衰老后的叶子转为红色。总状花序，花白色，具芳香。果实紫色，直径约2 cm，像葡萄般簇生。花期：5～6月；果期：夏秋季。

【产地分布】原产于西印度群岛的滨海地区、美洲热带及亚热带地区。中国华南地区有栽培。

【生长习性】喜高温湿润气候。喜光，较耐阴；不耐寒，2℃以下寒害严重；耐盐碱；耐旱；抗风。

【繁殖方法】扦插或压条繁殖。

【园林用途】叶大新奇，可作为奇异观赏植物，用于庭院、滨海绿化，亦可作盆景观赏。

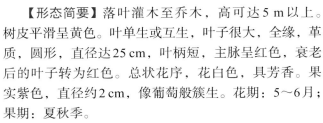

数珠珊瑚（蕾芬）

【学名】*Rivina humilis* L.

【科属】商陆科，数珠珊瑚属

【形态简要】常绿半灌木，高0.3～1.0 m。茎直立，枝开展。叶稍稀疏，互生，叶片卵形，长4～12 cm，宽1.5～4 cm，顶端长渐尖，基部急狭或圆形，边缘有微锯齿。总状花序直立或弯曲，腋生，稀顶生；花被片椭圆形，白色或粉红色。浆果豌豆状，直径3～4 mm，外果皮肉质，红色或橙色。花期：夏秋季。

【产地分布】原产于热带美洲。中国华南地区有栽培或逸为野生。

【生长习性】喜温暖至高温多湿气候。喜光，稍耐阴。喜肥沃、富含有机质和排水良好的壤土。

【繁殖方法】播种繁殖。

【园林用途】花色素雅，果实漂亮。适合庭园片植、丛植观赏。

石海椒（迎春柳、黄花香草）

【学名】*Reinwardtia indica* Dum.

【科属】亚麻科，石海椒属

【形态简要】常绿亚灌木，高0.5～1.0 m。全株无毛，茎直立或匍匐，柔软。叶互生，倒卵状椭圆形，长2～8 cm，宽1.5～4 cm，顶端圆或渐尖，全缘或微具小圆齿。花单生或数朵簇生于叶腋或枝顶，花径2～3 cm，黄色。蒴果球形。花期：春夏季；果期：4～12月。

【产地分布】原产于中国湖北、四川及云南。华南地区有栽培。

【生长习性】喜温暖湿润环境。喜光，耐阴；不耐寒。宜肥沃、排水良好的土壤，喜石灰性土壤。

【繁殖方法】播种、扦插或压条繁殖。

【园林用途】枝条柔软，叶色翠绿，花色明亮纯净，十分美丽。可植于墙壁、花槽等作立体绿化，或于庭院、公园等作丛植观赏，亦可作绿篱或花篱。

细叶萼距花（满天星、细叶雪茄花）

【学名】*Cuphea hyssopifolia* **Kunth**

【科属】千屈菜科，萼距花属

【形态简要】常绿小灌木，高 0.4～0.6 m。植株矮小，茎直立，分枝多而细密。叶小，对生，线状披针形，长 0.5～2 cm，翠绿。花单生叶腋，结构特别，花萼延伸为花冠状，高脚碟状，具 5 齿，齿间具退化的花瓣，花紫色、淡紫色、白色。花后结实似雪茄，形小呈绿色，不明显。花果期：全年。

【产地分布】原产于墨西哥和危地马拉。中国南方各地有栽培。

【生长习性】喜高温多湿气候。喜光，耐半阴；耐热，不耐寒。喜排水良好的砂质壤土。

【繁殖方法】扦插或播种繁殖。

【园林用途】枝繁叶茂，花多而密，盛花时布满整株，状似繁星。可用于花坛、花境、地被或作盆栽。

常见栽培应用的变种或品种有：

'白色'萼距花（ *C. hyssopifolia* Kunth 'Alba'）：花白色。

'白色'萼距花

'白色'萼距花

35

紫薇（百日红、痒痒树）

【学名】*Lagerstroemia indica* L.

【科属】千屈菜科，紫薇属

【形态简要】落叶灌木或小乔木，高达8 m。树皮光滑，灰色或灰褐色；枝干多扭曲。单叶对生或近对生，纸质，椭圆形至倒卵形，长3～7 cm，宽1～4 cm。花着生于当年生枝端呈圆锥状，有红、紫、白等颜色。蒴果近球形，幼时绿色至黄色，成熟紫黑色，种子有翅。花期：6～9月；果期：9～12月。

【产地分布】原产于东南亚至太平洋各岛屿。中国各地均有栽培。

【生长习性】喜温暖湿润气候。喜光，稍耐阴；抗寒；抗旱；具较强的抗污染能力；萌蘖性强，耐修剪。喜生于肥沃湿润的土壤上，不论钙质土或酸性土都生长良好，但在中性偏酸的土壤中生长较好。

【繁殖方法】播种、扦插、压条、分株或嫁接繁殖。

【园林用途】适应性强；花繁茂，色彩丰富，花期长，为优秀的观花树种。广泛用于公园、庭院和道路绿化，可栽植于建筑物前、院落内、池畔、河边、草坪旁及公园小径两旁，也是做盆景的好材料。

常见栽培应用的变种或品种有：

'红火箭'紫薇（*L. indica* L. 'Red Rocke'）：美国大红紫薇新品种，为紫薇花色最鲜红的品种之一。新叶微红，老叶略带红晕；花猩红色，花簇大，花期长；适应性广，抗逆性强；耐旱、耐瘠薄、耐寒性强，能耐-23 ℃低温。

'白花'紫薇（*L. indica* L. var. *alba* Nichds）：花白色。

'红火箭'紫薇

'红火箭'紫薇

'白花'紫薇

'白花'紫薇

虾子花 （虾子木、虾米草、吴福花）

【学名】*Woodfordia fruticosa* (L.) Kurz

【科属】千屈菜科，虾子花属

【形态简要】常绿灌木，高1～4 m。叶纸质，下面

有黑色小腺点，对生，披针形或卵状披针形。聚伞花序腋生，圆锥状，紫红色，花不整齐，花萼管状，稍弯曲，近基部成紧缢状。蒴果2裂，狭椭圆形或圆锥形，红棕色。花期：3～4月；果期：秋季。

【产地分布】原产于中国广东、广西、云南；广布于亚热带地区。中国华南地区有栽培。

【生长习性】喜温暖、湿润气候。喜光，耐半阴；耐热，不耐寒；不耐干旱；耐瘠薄。对土壤要求不严，肥沃酸性土壤上生长较佳。

【繁殖方法】扦插繁殖。

【园林用途】分枝多而密，枝条细长而披散，形成密丛；花多而密，色泽鲜艳，条条柳鞭悬挂着串串红色的小虾仔，形态别致，玲珑可爱，是庭园美化的良好材料。可点缀作花灌木，更宜水边种植。

散沫花（指甲花、指甲叶、指甲木）

【学名】*Lawsonia inermis* L.

【科属】千屈菜科，散沫花属

【形态简要】落叶灌木至小乔木，高达6 m。幼枝略呈四棱形，分枝多，全株无毛。叶对生，薄革质，椭圆形或椭圆状披针形。顶生圆锥花序，花序长可达40 cm，花极香，白色或玫瑰红色至朱红色。蒴果球形。花期：6～10月；果期：12月。

【产地分布】原产于东非和东南亚。中国广东、广西、云南、福建、江苏、浙江等地有栽培。

【生长习性】喜温暖湿润气候。喜阳；耐热，不耐寒；耐旱。栽培基质需排水良好。

【繁殖方法】播种或扦插繁殖。

【园林用途】花极香，是优良的景观植物。可植于庭院、公园等地作绿化观赏。

石榴（安石榴）

【学名】*Punica granatum* L.

【科属】石榴科，石榴属

【形态简要】落叶灌木至小乔木，高3～7 m。幼枝平滑，四棱形，顶端多为刺状，有短枝。叶对生或近簇生，矩圆形或倒卵形，长3～9 cm，宽1～2.5 cm，中脉在下面凸起。花1至数朵生于枝顶或腋生，两性，有短梗；花瓣红色、白色或黄色，多皱。果近球形，直径6～8 cm或更大，红色或深黄色。花期：5～6月；果期：9～10月。

【产地分布】原产于西亚。全世界的温带至热带地区有栽培。

【生长习性】喜温暖湿润气候。喜光，不耐荫蔽；耐寒，可耐-20 ℃低温；耐旱，不耐涝；耐瘠薄。喜深厚肥沃、湿润而排水良好的石灰质土壤，pH值4.5～8.2均能生长。

【繁殖方法】扦插或压条繁殖。

【园林用途】叶翠绿，花大而鲜艳，品种繁多，花色丰富，结果时硕果累累，为优良的观花观果树种。多植于庭院中，也可作行道树；大型公园，常群植；矮生品种可作绿篱，或配置于山石间，还可作盆栽观赏。

倒挂金钟（吊钟海棠、灯笼花）

【学名】*Fuchsia hybrida* Hort. ex Siebert et Voss

【科属】柳叶菜科，倒挂金钟属

【形态简要】常绿亚灌木，高约1 m。茎直立，多分枝。单叶对生、互生或轮生，叶卵状披针形或卵状长圆形，边缘有齿，先端渐尖，基部近圆形，叶柄长2～4 cm，常带红色。花两性，1～2朵生于枝顶或叶腋，颜色多变，有紫红色、红色、粉色、白色。浆果紫红色，倒卵状长圆形。花期：4～12月。

【产地分布】中国广为栽培，北方或在西北、西南高原温室种植生长极佳。

【生长习性】喜凉爽湿润气候。喜光照充足，也耐半阴；喜冷凉，畏炎热酷暑，夏季平均气温超过25 ℃会枯萎死亡，冬季温度低于5 ℃，则易受冻害。喜肥沃、疏松的微酸性土壤，且宜富含腐殖质、排水良好的土壤。

【繁殖方法】扦插繁殖。

【园林用途】园艺杂交种，其园艺品种很多，广泛栽培于全世界。花体玲珑，花色艳丽，花形奇特，花期较长，是优良的盆栽观赏种类。盆栽适于客厅花架案头点缀，凉爽地区可地栽布置花坛。

瑞香（睡香、蓬莱花）

【学名】*Daphne odora* Thunb.

【科属】瑞香科，瑞香属

【形态简要】常绿灌木，高1.5～2 m。小枝无毛。单叶互生，长椭圆形或倒披针形，长7～13 cm，宽2.5～5 cm，全缘，质较厚，表面深绿有光泽，叶柄粗短。花外面淡紫红色，内面肉红色，数朵至12朵组成顶生头状花序，芳香。果实红色。

【产地分布】原产于中国长江流域以南。中国、日本广为栽培。

【生长习性】喜温暖湿润气候。喜阴，忌烈日曝晒；不耐寒；不耐水涝；不耐移植。喜肥沃疏松、排水良好的微酸性土壤。

【繁殖方法】扦插、压条、嫁接或播种繁殖。

【园林用途】著名花木，四季常绿，早春开花，美丽芳香，株形优美，花淡紫色。在暖地可植于庭园观赏。北方多于温室盆栽。根、茎、花可供药用。

金边瑞香（*D. odora* Thunb. f. *marginata* Makino）：叶缘呈淡黄色，中部绿色。

'花叶'瑞香（*D. odora* Thunb. 'Variegata'）：叶片有斑纹，颜色多样。

金边瑞香

金边瑞香

'花叶'瑞香

结香（打结花、黄瑞香、梦花）

【学名】*Edgeworthia chrysantha* Lindl.

【科属】瑞香科，结香属

【形态简要】落叶灌木，高1～1.5 m。小枝粗壮，褐色，常作三叉分枝，幼枝常被短柔毛，韧皮极坚韧。叶在花前凋落，长圆形，披针形至倒披针形，先端短尖，基部楔形或渐狭，两面均被银灰色绢状毛。头状花序顶生或侧生，黄色，浓香，早春先叶开放。果椭圆形，绿色，顶端被毛。花期：9月至翌年2月；果期：2～6月。

【产地分布】原产于中国河南、陕西及长江流域以南等地区。日本及美国东南部也有分布。中国南方各地常见栽培。

【生长习性】喜温凉气候。喜光，耐半阴，也耐日晒；耐寒性较强；根肉质，不耐水湿；萌蘖力强，耐修剪。宜排水良好的肥沃土壤。

【繁殖方法】分株、扦插或压条繁殖。

【园林用途】植株姿态优雅，枝柔可打结，花芳香，十分惹人喜爱。适植于庭前、路旁、水边、石间、墙隅。

光叶子花（三角梅、簕杜鹃、九重葛）

【学名】 *Bougainvillea glabra* Choisy

【科属】 紫茉莉科，叶子花属

【形态简要】 藤状灌木，高可达3 m。茎粗壮，具弯刺，枝下垂。叶纸质，卵形或卵状披针形，长5～13 cm，宽3～6 cm，顶端急尖或渐尖，无毛。苞片叶状，色彩丰富，有紫红色、粉红色、红色等；花小，黄绿色，3朵聚生于3片苞片中。果实长1～2 mm，密生毛。花期：10月至翌年6月。

【产地分布】 原产于巴西。中国南方地区广泛栽培。

【生长习性】 喜温暖至高温多湿气候。喜光；耐高温，不耐寒；生性强健，耐碱；耐干旱，忌积水；耐贫瘠；耐修剪。喜排水良好、含矿物质丰富的黏重壤土及排水良好的砂质壤土。

【繁殖方法】 扦插、嫁接、高压和组培繁殖。

【园林用途】 花繁叶茂，花期长，粗放管理。常用于绿篱、造型、庭园种植、天桥绿化等。

常见栽培应用的品种或相近种有：

1. 叶子花（*Bougainvillea spectabilis* Willd.）：枝叶密生柔毛，花序顶生或腋生，花苞暗红色或淡紫红色，花被管密生柔毛。

2. 秘鲁叶子花（*B. peruviana* Humboldi & Bonpiand）：原产厄瓜多尔、秘鲁和哥伦比亚。常绿蔓性灌木，分枝松散。叶片卵形至宽卵形，顶端急尖，无毛或被微柔毛。苞叶小，圆形，或有扭曲、起皱。花被管纤细，小花呈黄色。花沿半个至整个枝条开放，每年可开花数次。

3. 巴特叶子花（*B.* × *buttiana* Holttum & Standl.）：大型攀缘灌木，为光叶子花与秘鲁叶子花的杂交种。刺强壮，短而直。叶片阔卵形或稍心形，两面被微柔毛。枝条末端开花，苞叶阔卵形，基部心形。花管状，萼筒具棱，外被弯曲短毛，下半部稍肿胀。

4. '绿叶白花'叶子花（*B. glabra* 'Alba'）：半直立习性，生长旺盛。叶片椭圆形，顶尖，暗绿色，无毛。苞片纯白色，苞脉浅绿色。花柱浅绿色，底部膨胀。真花黄色。

5. '软枝艳紫'叶子花（*B. glabra* 'Mrs Eva'）：叶长披针形，叶色墨绿有光泽，叶小且厚，芽心和幼叶呈深绿色。茎干刺小，枝条软。花苞片为紫色，花型较小，苞片尖呈三角形。花期：3～5月、7～11月。

6. '小叶紫'叶子花（*B. glabra* 'Purple Star'）：光叶子花最常见栽培品种。植株生长旺盛，密集灌木状。苞片卵形，阔底尖顶，洋红紫色，花后常宿存，花乳白色。

7. '金心双色'叶子花（*B. peruviana* 'Thimma'）：叶长卵圆形，先端渐尖，在绿色的叶面上沿中脉两边从叶基部至叶端处有不规则的金黄色斑块；花苞片有两种颜色，粉红色和白色。周年有花，盛花期为10月至翌年3月。

8. '樱花'叶子花（*B. peruviana* 'Imperial Delight'）：叶阔椭圆形，叶色深绿，苞片卵形，从花心的白色逐渐向外变成淡红色、粉红色直至深红色，花色由浅逐渐变深。几乎周年开花，盛花期3～6月、10～12月。

9. '水红'叶子花（*B.* × *buttiana* 'Miss Manila'）：优秀栽培品种。枝条下垂，生长旺盛。叶片卵形，中绿色，新叶铜色。苞片大，圆卵形。新苞片胭脂红至橙红色，转胭脂水红。枝端成束着花。

10. '柠檬黄'叶子花（*B.* × *buttiana* 'Golden Glow'）：叶卵圆形，叶色深绿，苞片浅黄色，先端急尖，基部心形，整苞近圆形。花期：9月至翌年5月。

11. '重苞大红'叶子花（*B.* × *buttiana* 'Mahara'）：叶大而圆，叶色翠绿无光泽。苞片深色大红，雄蕊及花萼退化成苞片状，与苞片同色，呈重苞，伞形花序。花期：10月至翌年2月。

12. '怡锦'叶子花（*B.* × *buttiana* 'Cherry Blossom'）：直立习性，生长旺盛。叶片卵形，绿色，有短毛。重瓣苞片，新苞片淡绿色，然后从底部到顶部呈淡绿色到粉红色渐变。花量大，枝尖着花。

13. '塔紫'叶子花（*B.* 'Pink Pixie'）：叶宽椭圆形，叶型较小，革质，束生在枝条上呈塔形。花苞片为紫红色，花型较小，紧密成团状，聚生在枝条顶端。周年有花，盛花期10月至翌年4月。

叶子花

巴特叶子花

'绿叶白花'叶子花

'柠檬黄'叶子花

'软枝艳紫'叶子花

'樱花'叶子花

'软枝艳紫'叶子花

'小叶紫'叶子花

'水红'叶子花

'怡锦'叶子花

'重苞大红'叶子花

'塔紫'叶子花

红花银桦（昆士兰银桦）

【学名】*Grevillea banksii* R. Br.

【科属】山龙眼科，银桦属

【形态简要】常绿灌木至小乔木，高达7m。叶互生，羽状裂叶，3～11片，线形或披针形，背面密被银白色绒毛，叶缘反卷。总状花序顶生，花鲜红色、乳黄色或白色。花期：全年均可开花，盛花期为11月至翌年5月。

【产地分布】原产于澳大利亚东部。中国华南地区有栽培。

【生长习性】喜高温湿润环境。喜光；稍耐寒；较耐旱。在肥沃、疏松、排水良好的微酸性砂壤土上生长良好。

【繁殖方法】播种或扦插繁殖为主。

【园林用途】优良的观花树种，花奇特而艳丽，花期长。宜在公园绿地及庭园中，作为观赏树孤植或群植。

常见栽培应用的变种或品种有：

'哥顿'银桦（*G. banksii* R.Br. 'Robyn Gordon'）：常绿灌木，高1～2m。花橙红至鲜红色。花期：全年，春夏最盛。

'超级'银桦（*G. banksii* R.Br. 'Superb'）：花橙黄或金黄色。花期：全年，春夏最盛。

'超级'银桦

'哥顿'银桦

'哥顿'银桦

海桐（海桐花、臭榕仔）

【学名】*Pittosporum tobira* (Thunb.) Ait.

【科属】海桐花科，海桐花属

【形态简要】常绿灌木或小乔木，高 0.5～2 m。叶聚生于枝顶，革质，倒卵形或倒卵状披针形，长4～9 cm，宽1.5～4 cm。伞形花序生于枝顶，多花；花瓣5枚，白色，有芳香，后变黄色。蒴果圆球形，成熟时黄色；种子鲜红色。花期：3～5月；果期：8～10月。

【产地分布】原产于中国长江以南沿海各地。日本、朝鲜也有分布。世界亚热带地区多有栽培，华南地区常见栽培。

【生长习性】喜温暖湿润气候。喜光，也耐阴，半阴地生长最佳；较耐寒，耐暑热；性强健，稍耐盐碱；耐水湿，稍耐干旱；萌发力强，耐修剪；抗海风和二氧化硫等有毒气体。喜肥沃湿润土壤。

【繁殖方法】播种或扦插繁殖。

【园林用途】株形圆整，四季常青，花芳香，种子红艳，为著名的观叶、观果植物。多做房屋基础种植和绿篱，也可孤植、丛植于草丛边缘、林缘或门旁，列植在路边。因抗海潮及有毒气体，故又作海岸防潮林、防风林及矿区绿化的重要树种，并宜作城市隔噪声和防火林带的下木。北方常盆栽观赏，温室过冬。

常见栽培应用的变种或品种有：

'花叶'海桐（*P. tobira* Ait 'Variegatum'）：叶缘有白斑纹。

'花叶'海桐

'花叶'海桐

红木（胭脂木）

【学名】*Bixa orellana* L.

【科属】红木科，红木属

【形态简要】常绿乔木，高2～10 m，可做灌木栽培。枝棕褐色，密被红棕色短腺毛。叶表面深绿色，背面淡绿色，被树脂状腺点；心状卵形，先端渐尖，基部圆形，全缘，掌状脉。圆锥花序顶生，密被红棕色的鳞片和腺毛；花较大，花瓣5，粉红色；萼片5，外密被红褐色鳞片；雄蕊多数。蒴果近球形或卵形，密生栗褐色长刺。种子多数，倒卵形，暗红色。花期：8～11月；果期：10～12月。

【产地分布】原产于美洲热带地区。中国广东、台湾、云南等地区有栽培。

【生长习性】喜高温湿润气候。喜光；不耐5 ℃以下低温。对土质要求不严，但喜肥沃、湿润的土壤。

【繁殖方法】播种繁殖。

【园林用途】花大，粉红色，盛花时灿烂妩媚，果似绒球，密被软刺，成熟时红色至暗红色，挂满枝头，艳丽非常，在巴西有红金树之称。适合庭园、道路绿化。

越南抱茎茶

【学名】*Camellia amplexicaulis* (Pit.) Cohen-Stuart

【科属】山茶科，山茶属

【形态简要】常绿灌木至小乔木，高度可达6 m。嫩枝紫褐色，无毛。单叶互生，长椭圆形，长15～25 cm，宽6～11 cm；叶脉在叶面稍凹陷，在背面凸起；叶缘有锯齿，叶基耳状抱茎，故有"抱茎茶"之称。花蕾圆球形，单生或簇生，花瓣红色，8～13枚。果椭圆形，有3个明显纵裂沟，绿色。花期：10月至翌年4月。

【产地分布】原产于越南北部与中国云南河口接壤的地区。中国华南地区有栽培。

【生长习性】喜温暖湿润环境。喜光，耐半阴；耐高温，不耐低温；适应性强，生长速度快。在疏松透气、富含有机质的微酸性砖红壤中生长良好。

【繁殖方法】播种、扦插、嫁接或空中压条繁殖。

【园林用途】四季常绿，树姿优美大气，叶形较大，花色艳丽。宜孤植于草坪绿茵中，三五成群，成丛成片，突出其群植的景观效果或与建筑小品搭配，美化环境，富于情趣。

杜鹃红山茶（张氏红山茶、假大头茶）

【学名】*Camellia azalea* C. F. Wei

【科属】山茶科，山茶属

【形态简要】常绿灌木或小乔木，高1～2 m。树皮灰褐色，枝条光滑，嫩梢红色。叶长8～12 cm，两端微尖，倒卵形，革质；上表面光亮碧绿，下表面浅绿色，两面均无毛，稍被灰粉；全缘，或尖端有2～5对锯齿。花瓣5～9枚，瓣端微凹。蒴果卵球形，果皮厚，表面光滑。花期：全年，夏季和秋季为盛花期；果期：全年，盛果期9～12月。

【产地分布】原产于中国广东阳春。中国长江以南各地及国外均有少量的栽培和园林应用。

【生长习性】喜温暖湿润气候。半阳性树种，喜半阴；尤喜空气湿度大的生境，能耐一定程度低温；耐贫瘠。以肥沃疏松、土层深厚、排水良好和偏酸的壤土生长更为繁茂。

【繁殖方法】播种、扦插或嫁接繁殖。

【园林用途】树形优雅，花期长，四季均有花，花色艳丽，叶形独特，四季常绿，极具观赏性，是继金花茶之后又一个"植物界大熊猫"。可应用于公园、庭院片植、散植或对植，亦可用于建筑、亭、榭旁布景，是城市绿化中难得的四季开花常绿新树种。其四季开花基因，更是育种的好材料。现已审定新品种25个，200多个新品种待审定。

崇左金花茶

【学名】*Camellia chuongtsoensis* S. Y. Liang et L. D. Huang

【科属】山茶科，山茶属

【形态简要】常绿灌木至小乔木，高可达5 m以上。树皮褐红色，嫩枝无毛，老枝褐灰色。叶革质，椭圆形，长8～11 cm，宽3.5～4.5 cm。花常单生或腋生，亮黄色。蒴果具棱，球形，成熟的果皮淡黄色，光滑。种子1～2粒，无毛。花期：5～12月；果期：9～11月。

【产地分布】原产于中国广西崇左市海拔350 m的石灰岩山，在广西南宁等地有栽培。

【生长习性】喜温暖湿润气候。耐瘠薄；耐涝力强。喜排水良好的酸性土壤。

【繁殖方法】播种或扦插繁殖。

【园林用途】蜡质的绿叶晶莹光洁，坚挺亮滑；花色微黄；株形美观，赏心悦目。

红皮糙果茶（克氏茶、红皮油茶）

【学名】*Camellia crapnelliana* Tutch.

【科属】山茶科，山茶属

【形态简要】常绿小乔木，可做灌木栽培，高5～7m。树皮橙红色，当年生枝绿色，光滑无毛。叶硬革质，倒卵状椭圆形至椭圆形，长8～17cm，宽3～6cm，边缘有细钝齿。花顶生，单花，直径4～10cm；花冠白色；花瓣6～8枚。蒴果球形，红褐色。花期：9～12月；果期：11月。

【产地分布】原产于中国香港、广西南部、福建、江西及浙江南部。南方各地区有栽培。

【生长习性】喜冬季干燥和夏季温暖湿润环境。喜半阴。栽培土质以排水良好的偏酸性黄壤土或砖红壤为佳。

【繁殖方法】播种、扦插或嫁接繁殖。

【园林用途】株形匀称，树皮橙红色，具观赏性；花硕大洁白，是很有价值的观赏植物和油料植物，适于庭园绿化、美化。

显脉金花茶

【学名】*Camellia euphlebia* Merr. ex Sealy

【科属】山茶科，山茶属

【形态简要】常绿灌木至小乔木，高0.8～3 m。叶革质，椭圆形，长12～20 cm，侧脉10～12对，正面稍下陷，背面显著突起，边缘密生细锯齿。花单生于叶腋，花瓣8～9片，金黄色。蒴果扁球形，直径3～6 cm。花期：11～翌年3月；果期：10～11月。

【产地分布】原产于中国广西防城、东兴。越南也有分布。中国华南地区有栽培。

【生长习性】喜温暖高湿凉爽环境。阴性树种，喜半阴，忌强光照射。栽培土质以疏松壤土为佳。

【繁殖方法】播种、扦插、嫁接、压条或组培繁殖。

【园林用途】有植物界"大熊猫"之称，花金黄色，娇艳多姿、雅致而秀丽。可用于庭院美化，也可盆栽观赏。

山茶（茶花、山茶花）

【学名】*Camellia japonica* L.

【科属】山茶科，山茶属

【形态简要】常绿灌木至小乔木，高可达9 m。树干平滑无毛，黄褐色。叶革质，卵形或椭圆形。花大型，直径5～10 cm，单生或对生于叶腋或枝顶，重瓣花花瓣可达50～60片，有红、白、黄、紫、墨等色。蒴果圆形，外壳木质化。种子淡褐色或黑褐色。花期：1～4月；果期：秋末。

【产地分布】原产于中国东部，中国各地广泛栽培。朝鲜、日本、印度等地也常见栽培。

【生长习性】喜温暖湿润气候。喜半阴；生长适温18～25 ℃，忌烈日高温，耐寒，多数品种能耐-10 ℃的低温；惧风。喜排水良好、疏松肥沃、富含有机质的微酸性砂壤土。

【繁殖方法】播种、扦插或嫁接繁殖。

【园林用途】中国传统"十大名花"，株形优美，叶浓绿有光泽，品种繁多，花色有红、紫、白、黄、彩色斑纹等，艳丽缤纷。冬春开花，花姿绰约，花色鲜艳，花期甚长，春意盎然。可配置于疏林边缘，旁植于假山小景、亭台或院墙一角。

金花茶（多瓣山茶）

【学名】*Camellia petelotii* (Merr.) Sealy

【科属】山茶科，山茶属

【形态简要】常绿灌木至小乔木，高2～6 m。树皮灰白色，平滑。叶互生，宽披针形至长椭圆形，长11～16 cm，宽2.5～4.5 cm。花单生叶腋或近顶生，金黄色，开放时呈杯状、壶状或碗状，直径3～3.5 cm，花瓣9～11片，肉质，具蜡质光泽。蒴果三角状扁球形，黄绿色或紫褐色。花期：11～12月；果期：10～12月。

【产地分布】原产于中国广西南宁。中国华南地区有栽培。

【生长习性】喜温暖湿润气候。阴性树种，喜透射阳光，忌阳光直射；耐涝；耐瘠薄，颇喜肥。对土壤要求不严，微酸性至中性土壤中均可生长。

【繁殖方法】播种、嫁接、扦插或组培繁殖。

【园林用途】被誉为"植物界大熊猫""茶族皇后"。金黄色花具蜡质光泽，晶莹剔透，秀丽雅致，是山茶类群中最独特的种质资源，已培育众多品种。可植于公园、庭院、校园的常绿阔叶树群下，片植或丛植供观赏。

茶梅

【学名】*Camellia sasaqua* Thunb.

【科属】山茶科，山茶属

【形态简要】常绿灌木至小乔木，高0.5～2 m。树皮灰白色；嫩枝有粗毛，芽鳞表面有倒生柔毛。叶互生，革质，椭圆形至长圆卵形，长3～7 cm，先端短尖，边缘有细锯齿，叶面具光泽。花白色或红色，单瓣或半重瓣，花径3.5～6 cm，略芳香。蒴果球形，稍被毛。花期：10月下旬至翌年4月。

【产地分布】原产于中国长江以南各地区，日本也有分布。中国南方地区常见栽培。日本、美国、新西兰等地也有栽培。

【生长习性】喜温暖湿润气候。喜阴湿，以半阴半阳最为适宜；最适温度为18～25 ℃，较耐寒；抗性强，病虫害少。宜生长在排水良好、富含腐殖质、湿润的微酸性土壤，pH值5.5～6为宜。

【繁殖方法】播种、扦插或嫁接繁殖。

【园林用途】花色艳丽，花期长，叶形雅致，品种繁多，花色丰富，是赏花、观叶俱佳的著名花卉。公园、庭院、校园草坪中片植、孤植或对植，或林缘、角落、墙基等处种植。

大头茶

【学名】*Gordonia axillaris* (Roxb.) Dietr.

【科属】山茶科，大头茶属

【形态简要】常绿小乔木，可做灌木栽培，高达9m。嫩枝粗大。叶厚革质，倒披针形，先端圆形或钝，基部狭窄而下延。花生于枝顶叶腋，直径7~10cm，白色，花柄极短；苞片4~5片，早落。蒴果长2.5~3.5cm。花期：10月至翌年1月。

【产地分布】原产于中国广东、海南、广西、台湾。

【生长习性】喜温暖高湿凉爽环境。喜半阴，忌强光照射。栽培土质以疏松壤土为佳。

【繁殖方法】播种繁殖。

【园林用途】可供做庭园树、园景树、造林等用途。

五列木（五裂木、毛生木）

【学名】*Pentaphylax euryoides* Gardn. et Champ.

【科属】五列木科，五列木属

【形态简要】常绿灌木至小乔木，高4～10 m。叶革质，卵形、长卵形至长圆状披针形，长5～9 cm，宽2～5 cm，先端渐尖或尾尖，中脉在表面凹陷。总状花序腋生或顶生；花瓣白色；花丝中下部加宽，呈花瓣状。蒴果短圆柱形。花期：4～5月；果期：7～10月。

【产地分布】原产于中国南方各地。越南、马来半岛及印度尼西亚也有分布。广东地区有栽培。

【生长习性】喜温暖湿润气候。中性偏阳树种；耐寒，能耐-18℃低温；耐干旱；耐瘠薄；病虫害少；生长慢，耐修剪。不拘土质，适生于土层深厚、富含有机质的砂壤土或壤土中。

【繁殖方法】播种繁殖。

【园林用途】树冠挺拔，枝叶茂密，叶色光亮，嫩叶红艳，花洁白如雪，为庭院、校园、公园等美化的优良观赏树种。可作彩叶花灌木、庭院树、林带、绿篱植物、盆栽桩景树木等园林用途，既能以小乔木形式组团成景，也可以做成高绿篱或模纹灌木大面积应用。

金莲木（似梨木）

【学名】*Ochna integerrima* (Lour.) Merr.

【科属】金莲木科，金莲木属

【形态简要】落叶灌木至小乔木，高2～7 m。小枝灰褐色，无毛，常有明显的环纹。叶纸质，椭圆形、倒卵状长圆形或倒卵状披针形，长8～19 cm，宽3～5.5 cm。花序近伞房状，长约4 cm，生于短枝的顶部；花黄色，花瓣5片，有时7片，倒卵形；萼片长圆形，开放时外翻，结果时呈暗红色。核果长10～12 mm。花期：3～4月；果期：5～6月。

【产地分布】原产于中国广东、广西和海南。越南、印度、巴基斯坦、缅甸、泰国、马来西利、柬埔寨也有分布。广东有栽培。

【生长习性】喜温暖湿润气候。喜光照充足，耐半阴。宜生长在湿润肥沃排水良好之土壤。

【繁殖方法】播种繁殖。

【园林用途】先花后叶，叶色翠绿雅致；花开时黄花满树、花团锦簇、娇美烂漫，异常美丽；结果时，花萼反卷，暗红色，极富观赏性，是庭院、校园、公园等美化的优良花灌木。

桂叶黄梅（米老鼠树）

【学名】*Ochna thomasiana* Engl. et Gilg

【科属】金莲木科，金莲木属

【形态简要】常绿灌木或小乔木，最高可达 3 m。叶互生，厚革质，长椭圆形，叶端有针状突尖，叶缘疏锯齿状。花与梅花神似，5 片花瓣，黄色。花盛开授粉后，黄色的花瓣很快就会飘落，雄蕊跟萼片会变成鲜艳的红色，加上从雌蕊的子房发育而来的黑色果实，整个造型看起来就像是有着红脸、红耳朵、红胡须、黑鼻子的米老鼠头部。花期：2～3 月；果期：4～5 月。

【产地分布】原产于非洲南部、热带亚洲、亚热带地区、非洲等地。中国华南地区有栽培。

【生长习性】喜温暖湿润气候。喜光照充足，耐半阴。宜生长在湿润肥沃排水良好之土壤。

【繁殖方法】播种繁殖。

【园林用途】叶色翠绿雅致，花开时黄花满树，花团锦簇，异常美丽；果实酷似卡通米老鼠，所以又名"米老鼠树"，极富观赏性。适于庭园点缀栽培或大型盆栽。

柠檬香桃木

【学名】*Backhousia citriodora* F. Muell.

【科属】桃金娘科，香桃木属

【形态简要】常绿灌木或小乔木，高可达7 m。叶对生，椭圆状披针形，长5～12 cm，宽1.5～2.5 cm，锯齿状边缘；嫩叶被绒毛，揉碎后具有强烈的柠檬香味。花簇生于枝顶，花瓣乳白色，花径5～7 mm。花期：5～6月；果期：7～9月。

【产地分布】原产于澳大利亚。中国华南地区有引种栽培。

【生长习性】喜高温湿润气候。喜光照；耐寒；耐盐碱；较耐旱；耐瘠薄。栽培基质以湿润肥沃富含有机质的壤土为佳。

【繁殖方法】扦插繁殖。

【园林用途】生长缓慢，树冠浓密，花叶香气浓郁，令人心旷神怡，具有一定驱蚊驱虫效果。适于庭院、公园中栽植遮阴或挡风，也可于沿海地区种植。

岗松

【学名】*Baeckea frutescens* L.

【科属】桃金娘科，岗松属

【形态简要】灌木或小乔木，高2 m。多分枝；全株无毛。叶对生，无柄或有短柄，直立或斜展，线形，长0.5～1 m，宽约1 mm，下面有透明腺点。花小，黄白色，单生叶腋，径2～3 mm。蒴果长1～2 mm。种子扁平，有角。花期：夏秋。

【产地分布】原产于中国福建、广东、广西及江西等地区。

【生长习性】喜温暖的环境。耐寒，生长适温25～30 ℃；稍耐旱。一般土壤均能种植，低洼积水地不宜栽培。

【繁殖方法】播种繁殖。

【园林用途】枝叶纤细，株形饱满，飘逸，夏日花密集簇生。可用于河涌、溪岸边美化或作屏障绿篱。

美花红千层 （硬枝红千层）

【学名】*Callistemon citrinus* (Curtis) Skeels var. *splendens* Stapf

【科属】桃金娘科，红千层属

【形态简要】常绿灌木，高可达3 m。树皮暗灰色，嫩枝粉红色，被丝状绒毛。叶片互生，革质，条形，坚硬，长3～8 cm，宽2～5 mm。穗状花序顶生，密集，亮红色。木质蒴果可宿存1～2年。花期：花开二度，3～4月盛花期，11～12月零星开放；果期：4～6月。

【产地分布】引自澳大利亚东部。中国华南地区有栽培。

【生长习性】喜暖热气候。喜强光，耐烈日酷暑，不耐阴；耐热，稍耐霜冻；耐旱，耐涝；耐盐碱；耐瘠薄；萌芽力强，耐修剪。喜肥沃潮湿的酸性土壤。

【繁殖方法】扦插繁殖。

【园林用途】树冠圆球形，春季盛花时，万千穗状红花挺立于叶丛上，姹紫嫣红，热烈奔放，为高级庭院美化观花树。宜公园、庭院美化或种植于道路中间带作观花灌木等。因抗风耐盐碱，是防风林、土壤修复的优良观花树种。

多花红千层（垂枝红千层）

【学名】 *Callistemon viminalis* (Sol. ex Gaertn.) G. Don 'Hannah Ray'

【科属】 桃金娘科，红千层属

【形态简要】 常绿灌木至小乔木，株高可达8 m。树皮剥离，纸质状，白色，小枝曲折。叶互生，条形或披针形，长6～9 cm，宽5～14 mm，叶面有油腺点，且被丝状绒毛。穗状花序顶生，圆柱形，鲜红色。蒴果，碗状或半球形。花期：花开二度，3～4月盛花期，11～12月零星开放；果期：4～6月。

【产地分布】 引自澳大利亚。中国华南地区有栽培。

【生长习性】 喜湿润气候。喜光，耐半阴；耐季节性水涝；生性强健，生长迅速。以湿润的砂质土壤生长最佳。

【繁殖方法】 扦插或组培繁殖。

【园林用途】 枝条柔软如垂柳，花形奇特瓶刷状，花鲜红色，十分艳丽，盛放时满树花朵，枝头满是纷飞采蜜的蜜蜂，它既是一种优良的观花树种，也是良好的蜜源植物，可作为马路中间绿化带、公园、庭院、草坪及林地边布置作观花树，孤植、丛植、列植或群植。

海椒番樱桃（短萼番樱桃）

【学名】*Eugenia reinwardtiana* (Blume) DC.

【科属】桃金娘科，番樱桃属

【形态简要】常绿灌木或小乔木，高可达2～6 m。枝叶茂密，嫩叶黄褐色。叶片革质，卵形至卵状披针形，新叶暗黄至暗红色。花白色，单生或数朵聚生于叶腋；萼片4。浆果椭球形，直径1～2 cm，无棱，熟时深红色，味美、可食。花期：2～5月；果期3～11月。

【产地分布】原产于澳大利亚昆士兰北部、印度尼西亚的热带雨林和太平洋岛屿。中国华南地区有栽培。

【生长习性】喜温暖湿润气候。喜阳，耐半阴。喜排水良好疏松肥沃的砂质土壤。

【繁殖方法】扦插或播种繁殖。

【园林用途】树形紧凑，枝叶茂密；果实红艳剔透，玲珑典雅，是华南优良的园林彩叶观果灌木。宜公园、庭院修剪成球形灌木观赏或作绿篱，还可盆栽观赏。

红果仔（番樱桃、巴西红果仔）

【学名】*Eugenia uniflora* L.

【科属】桃金娘科，番樱桃属

【形态简要】常绿灌木或小乔木，高可达5 m。枝叶茂密，嫩叶红褐色。叶片纸质，卵形至卵状披针形，长3～4 cm，宽2～3 cm。花白色，稍芳香，单生或数朵聚生于叶腋。浆果扁球形，有8棱，熟时深红色，味美、可食，有种子1～2颗。花期：2～3月；果期：3～9月。

【产地分布】原产于巴西。中国华南地区常见栽培。

【生长习性】喜高温高湿气候。喜阳，耐半阴；不耐寒；不耐旱。生性极强健，对土壤要求不严，但以肥沃排水良好砂质壤土为宜。

【繁殖方法】播种或扦插繁殖。

【园林用途】树形紧凑，枝繁叶密，萌芽力强，耐修剪；果实红艳剔透，玲珑典雅，全年花果重叠，是华南地区优良的园林彩叶观果灌木。宜公园、庭院修剪成球形灌木观赏或作绿篱，还可盆栽观赏。

美丽薄子木（澳洲柳树）

【学名】*Leptospermum brachyandrum* (F. Muell.) Druce

【科属】桃金娘科，澳洲茶属

【形态简要】常绿大型灌木或小乔木，高可达5m。树枝披垂，树干呈灰白色，树皮易季节性条状剥落，露出内层的粉红色、浅褐色或灰色新皮。叶片小，狭窄，线状至披针形，暗绿色，揉碎略带柠檬香气。花序簇生于小枝顶端，花小，花冠5瓣，白色。木质蒴果，小。花期：4～5月；广州地区未见结果。

【产地分布】原产于澳大利亚东部的热带和亚热带地区。新加坡、马来西亚、泰国、中国广东、香港、台湾等地有少量栽培。

【生长习性】喜温暖湿润气候。喜强阳，不耐阴；稍耐寒，广州地区未见寒害；耐旱，耐季节性水涝。对土壤要求不严，但在排水良好、富含腐殖质的微酸性土壤中生长最佳。

【繁殖方法】扦插或播种繁殖。

【园林用途】树姿婆娑，树皮条状剥落，颇具观赏性，枝条下垂如柳树，随风摇曳，婀娜多姿，是一种优良的园林观赏树种。宜在池塘、湖畔边孤植、列植或群植作观赏树。

松红梅 （澳洲茶）

【学名】*Leptospermum scoparium* J. R. Forst. et G. Forst.

【科属】桃金娘科，澳洲茶属

【形态简要】常绿小灌木，高约 2 m。叶线状或线状披针形，芳香。花小，单瓣或重瓣；有红、粉红、桃红、白等多种颜色。蒴果木质，成熟时先端裂开。花期：11月至翌年4月；广州地区未见结果。

【产地分布】原产于澳大利亚和新西兰。中国华南地区有少量栽培。

【生长习性】喜凉爽湿润气候。喜光，不耐阴；忌高温多湿，夏季不耐高温和烈日曝晒，较耐寒；耐旱性较强，不耐涝，严防排水不良和长期积水。对土壤要求不严，但以富含腐殖质、疏松肥沃、排水良好的微酸性土壤最好。

【繁殖方法】扦插繁殖。

【园林用途】叶似松、花似梅而得名。花色艳丽，花形精美，宜在公园、庭院散植、片植作花灌木或花篱，也可做切花材料。

互叶白千层

【学名】*Melaleuca alternifolia* Cheel

【科属】桃金娘科，白千层属

【形态简要】常绿大灌木或小乔木，株高约8m。树皮泛白色，纸质。叶浅绿色，互生，线形。顶生短穗状花序，花密集，白色。花期：3～6月；果期：7～11月。

【产地分布】原产于澳大利亚东部亚热带沿海地区。中国华南地区有少量栽培。

【生长习性】喜温暖至高温气候。喜全光；适应性强，可耐季节性水涝；速生。喜水湿，栽培土质以湿润的酸性砂质土壤为佳。

【繁殖方法】播种或扦插繁殖。

【园林用途】叶翠绿色，夏日花密集簇生，树冠如披一层霜雪。作芳香植物，叶可提取香精油。可用于河涌、溪岸边美化或作屏障绿篱。

黄金串钱柳（黄金香柳、千层金、溪畔白千层）

【学名】*Melaleuca bracteata* F. Muell. 'Revolution Gold'

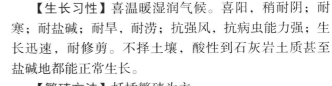

【科属】桃金娘科，白千层属

【形态简要】常绿灌木至小乔木，高可达15 m。枝条密集，柔软细长；新枝层层向上扩展，侧枝横展至下垂；嫩枝红色。叶互生，窄卵形至卵形，先端急尖，四季黄色，芳香。圆柱形头状花序顶生；花白色。木质蒴果，近球形，可宿存多年。花期：4~5月；果期：6月至翌年3月。

【产地分布】园艺品种，原种产于澳大利亚中部。中国长江以南各地区常见栽培。

【生长习性】喜温暖湿润气候。喜阳，稍耐阴；耐寒；耐盐碱；耐旱，耐涝；抗强风，抗病虫能力强；生长迅速，耐修剪。不择土壤，酸性到石灰岩土质甚至盐碱地都能正常生长。

【繁殖方法】扦插繁殖为主。

【园林用途】树冠圆锥形，枝叶四季金黄色，叶片芳香怡人，是一种珍贵的彩叶树种。宜作行道树、园景树，可用于林相改造，尤其适合沿海地区绿化造林。

嘉宝果（树葡萄）

【学名】*Plinia cauliflora* (Mart.) Kausel

【科属】桃金娘科，树葡萄属

【形态简要】常绿灌木或小乔木，高可达12 m。树冠圆头形，枝梢分枝能力较强，干光滑，浅褐色至微红色。叶对生，披针形至椭圆形，叶色深绿具光泽。花小，白色，花冠4瓣。浆果深紫色到黑色，在枝干上成串结果。花果期：全年。

【产地分布】原产于巴西。中国华南地区有栽培。

【生长习性】喜凉爽热带和亚热带气候。阳性树种，稍耐阴；耐寒，有些品种能耐−4.4 ℃低温；能耐短期干旱，忌积水。对土壤的适应性强，但以土层深厚、肥沃、排水良好的微酸性砂质壤土为最佳（pH5.5～6.5）。

【繁殖方法】播种、嫁接或扦插繁殖。

【园林用途】树姿优美，全年枝叶浓绿茂盛，同一枝干同时开花、结果。紫红的果实像串串玛瑙悬挂在枝干上，璀璨夺目。宜作庭园观赏树或作盆景培育。

桃金娘（岗稔、山稔子）

【学名】*Rhodomyrtus tomentosa* (Ait.) Hassk

【科属】桃金娘科，桃金娘属

【形态简要】常绿小灌木，高可达1～2m。叶对生，革质，椭圆形或倒卵形，先端圆或钝，叶面深绿色，叶背灰绿色，密生短毛。花小，常单生，紫红色或粉红色至白色，花冠5瓣，雄蕊红色。浆果卵状壶形，由鲜红变紫黑色。花期：5～7月；果期：7～10月。

【产地分布】原产于中国华南、西南各地。马来西亚、印度尼西亚等东南亚各国也有分布。

【生长习性】喜高温高湿气候。喜光；耐干旱；耐瘠薄。喜排水良好的丘陵坡地，为酸性土指示植物。

【繁殖方法】播种繁殖。

【园林用途】树形雅致，四季常绿，夏日盛开桃红色花，灿若红霞，秋季果实累累。生性强健，管养粗放，是山坡复绿、水土保持的优良乡土灌木，还是优良的招鸟植物。

澳洲蒲桃（北澳蒲桃）

【学名】 *Syzygium australe* (J. C. Wendl. ex Link) B. Hyland

【科属】 桃金娘科，蒲桃属

　　【形态简要】 常绿灌木至小乔木，高达 10 m。树冠分枝紧凑。叶对生，革质，长圆形，叶面油绿发亮，有许多透明细小腺点，网脉明显。聚伞花序顶生，花多，白色。浆果，紫红色，长椭圆形。花期：4～6月；果期：5～7月。

　　【产地分布】 原产于澳大利亚。中国广州地区有引种栽培。

　　【生长习性】 喜高温湿润环境。喜光，耐半阴。栽培土质以湿润的肥沃疏松壤土或砂质壤土为佳。

　　【繁殖方法】 播种或扦插繁殖。

　　【园林用途】 树冠紧凑，耐修剪；果成熟时紫红色。可修剪造型，用于庭院、溪畔、海边绿地作景观树或绿篱。

赤楠（牛金子、赤楠蒲桃）

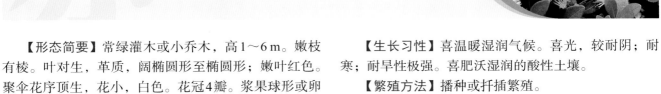

【学名】*Syzygium buxifolium* Hook. et Arn.

【科属】桃金娘科，蒲桃属

【形态简要】常绿灌木或小乔木，高1～6 m。嫩枝有棱。叶对生，革质，阔椭圆形至椭圆形；嫩叶红色。聚伞花序顶生，花小，白色。花冠4瓣。浆果球形或卵圆形，成熟时紫黑色。花期：6～8月；果期：9～10月。

【产地分布】原产于中国广东、广西、湖南、江西、福建、台湾、浙江、安徽、贵州等地区。越南及琉球群岛也有分布。

【生长习性】喜温暖湿润气候。喜光，较耐阴；耐寒；耐旱性极强。喜肥沃湿润的酸性土壤。

【繁殖方法】播种或扦插繁殖。

【园林用途】树形紧凑，叶片墨绿油亮，新叶粉红色，枝条分蘖性极强，耐修剪，易成型，是较好的乡土彩叶灌木。宜作球形灌木、绿篱或盆景观赏，庭园、校园或公园列植、群植美化效果好。

钟花蒲桃（红车）

【学名】*Syzygium myrtifolium* Walp.

【科属】桃金娘科，蒲桃属

【形态简要】常绿灌木至小乔木，株高可达6 m。叶对生，革质，长圆状卵形，嫩叶亮红色。聚伞花序腋生，花白色，芳香。浆果球形，成熟后黑色。花期：8～11月；果期：9～12月。

【产地分布】原产于亚洲东南部。中国南方地区有栽培。

【生长习性】喜高温湿润气候。喜光，稍耐阴；不耐寒；不耐盐碱；不耐旱，忌积水；抗大气污染；耐修剪。对土质要求不严，但在湿润疏松肥沃的土壤中生长更繁茂。

【繁殖方法】播种或扦插繁殖。

【园林用途】树形紧凑美观，枝叶茂密，红色的嫩叶亮丽美艳，是华南地区优良的彩叶树种。宜在公园、庭院种植作景观树，也可作树篱、遮挡景观；或可用于道路中央分车带绿化。

方枝蒲桃（巴梨、方枝木）

【学名】*Syzygium tephrodes* (Hance) Merr. et Perry

【科属】桃金娘科，蒲桃属

　　【形态简要】常绿灌木至小乔木，高可达6 m。小枝4棱。叶片革质，细小，卵状披针形，先端钝而渐尖。圆锥花序顶生，花白色，有香气；花瓣连合。果实卵圆形，灰白色。花期：5～7月；果期：11～12月。

　　【产地分布】原产于中国海南，为海南特有种。华南地区常见栽培。

　　【生长习性】喜高温高湿环境。喜阳光充足；耐旱，耐涝。喜排水良好疏松肥沃的砂质土壤。

　　【繁殖方法】扦插或播种繁殖。

　　【园林用途】枝叶繁密，嫩叶红褐色，颇为雅致，是一种优良的乡土彩叶树种。萌芽力强，耐修剪，可林下片植、散植或作绿篱。

金蒲桃（金黄熊猫、澳洲黄花树）

【学名】*Xanthostemon chrysanthus* (F. Muell.) Benth.

【科属】桃金娘科，黄蕊木属

【形态简要】常绿乔木，可作灌木栽培，高可达8 m。叶互生，纸质，嫩叶暗红色，冬季叶片红色。花黄色，小花聚生在枝条的顶端，排成伞房花序，鲜艳夺目。花期全年，盛花期11～3月。

【产地分布】原产于澳大利亚。中国华南地区引种广泛栽培。

【生长习性】性喜充足光照及温湿环境。对栽培土质选择不严，耐瘠薄，肥沃的砂壤土生长良好。

【繁殖方法】播种或扦插繁殖。

【园林用途】鲜黄色的小花聚生在枝条的顶端，远看仿佛一个个憨态可掬的熊猫脸，为观赏性较好的新优园林植物。适宜种植于马路中间作绿化带及庭院绿化。

'橙红' 金蒲桃

【学名】*Xanthostemon chrysanthus* 'Orange' (F. Muell.) Benth.

【科属】桃金娘科，黄蕊木属

【形态简要】常绿小灌木，高30～50 cm。叶互生或假轮生，聚生于枝顶，椭圆形，先端钝尖，基部楔形，有光泽。聚伞花序顶生，花粉红色至红色。花期：7～12月；广州地区未见结果。

【产地分布】原产于澳大利亚。中国广州从新加坡引进栽培。

【生长习性】喜高温多雨气候。性喜阳；广州地区栽培易发生虫害；冬天嫩梢受轻微寒害。喜排水良好，富含腐殖质的砂质土壤。

【繁殖方法】扦插繁殖。

【园林用途】植株端正矮小，花红色，形态别致，是较新的地被园林植物。宜在公园、庭园进行片植观赏。

轮叶金缨木（舞女蒲桃）

【学名】*Xanthostemon verticillatus* (C. T. White et W. D. Francis) L. S. Sm.

【科属】桃金娘科，黄蕊木属

【形态简要】常绿灌木，高可达3m。叶3～5片轮生，革质，披针形，长5～8cm，宽1～1.5cm。聚伞花序顶生，花白色，略带淡黄色，雄蕊众多，长1.5～2cm，花有香味。花期：春夏季；广州地区未见结果。

【产地分布】原产于澳大利亚昆士兰州。中国华南地区有引种栽培。

【生长习性】喜光照充足、温暖湿润的生长环境。稍耐寒，能短时间忍受5℃左右低温。喜排水良好的土壤。

【繁殖方法】扦插繁殖。

【园林用途】株形矮小，生长速度慢。花白色，花香迷人，整株连续开花。适宜庭院栽培或者容器栽培观花、观叶。

红蕊金缨木（年青红蕊木、年青蒲桃）

【学名】*Xanthostemon youngii* C. T. White et W. D. Francis

【科属】桃金娘科，黄蕊木属

【形态简要】常绿灌木或小乔木。叶互生或假轮生，聚生于枝顶，革质，椭圆形，先端钝尖，基部楔形，有光泽，嫩叶暗红色。聚伞花序顶生或腋生，花鲜红色。蒴果近球形，红色。花期：7～9月；广州地区未见结果。

【产地分布】原产于澳大利亚昆士兰州约克角半岛东部沿海的热带雨林中。中国广东、福建等地有少量栽培。

【生长习性】喜高温多雨气候。喜阳；不耐寒，广州市区冬天嫩梢易受轻微寒害。喜排水良好，富含腐殖质的砂质土壤。

【繁殖方法】扦插繁殖。

【园林用途】树冠圆球形，嫩叶鲜红亮丽，花鲜红色，形态别致，是一种优良的园林植物。宜在公园、庭园种植作观花树。

棱果花（棱果木、毛药花）

【学名】*Barthea barthei* (Hance) Krass.

【科属】野牡丹科，棱果花属

【形态简要】常绿灌木，高 0.7～1.5 m，有时达3 m。树皮灰白色，小枝略四棱形。叶片较厚，坚纸质或近革质，椭圆形至披针形，两面无毛。聚伞花序顶生，有花3朵；花瓣白色至粉红色或紫红色。蒴果长圆形，顶端平截，为宿存萼所包。花期：10月至翌年4月；果期：12月至翌年6月。

【产地分布】原产于中国广东、广西、湖南、福建、台湾。

【生长习性】喜温暖至高温气候。喜光，耐半阴；耐瘠薄。栽培土质以湿润、排水良好的砂质壤土或腐叶土生长最佳。

【繁殖方法】播种或扦插繁殖。

【园林用途】花大美丽，色彩艳丽，枝繁叶茂，观赏价值较高。宜在公园、庭园种植作观花树，或做带状花篱，也可用于山坡、假山、溪边点缀。

少花柏拉木（小花柏拉木、小花野锦香）

【学名】*Blastus pauciflorus* (Benth.) Guillaum.

【科属】野牡丹科，柏拉木属

【形态简要】常绿灌木，高 0.6～2 m。茎圆柱形，多分枝。叶纸质，卵状披针形至卵形，顶端短渐尖，基部钝至圆形，近全缘或具极细的小齿，3～5 基出脉。圆锥花序顶生，由聚伞花序组成；花瓣粉红色至紫红色。蒴果椭圆形，为漏斗形宿存萼所包。花期：6～8月；果期：8～11月。

【产地分布】原产于中国广东、广西、湖南、江西。

【生长习性】喜温暖湿润的气候环境。喜光，稍耐阴。喜土质深厚、肥沃、排水良好的壤土。

【繁殖方法】播种或扦插繁殖。

【园林用途】树形优美，花序长，花色艳丽。宜庭院、公园、校园种植观赏。

多花蔓性野牡丹（蔓茎四瓣果）

【学名】*Heterocentron elegans* (Schltdl.) Kuntze

【科属】野牡丹科，异距花属

【形态简要】常绿蔓性灌木。茎匍匐生长，草质，多汁，有翼。叶对生，卵圆形，有疏毛，长2～3 cm，叶脉羽状，叶色橄榄绿，新叶紫褐色。总状花序自茎端伸出，花萼筒形，外表有颗粒状突起，花瓣4枚，卵形，桃红色。花期：2～3月；广州未见结果。

【产地分布】原产于墨西哥、危地马拉等中美洲地区。现中国华南和台湾等地区有园林栽培。

【生长习性】喜高温湿润气候。宜半日照环境，忌夏季烈日曝晒；不耐寒；不耐旱。喜肥沃潮湿的酸性土壤。

【繁殖方法】扦插繁殖。

【园林用途】枝叶蔓生，桃红色花朵成丛开放，花量大，是一种优良观花地被植物。宜在庭院、公园作观花地被、花坛，亦可作边坡护坡、盆栽或作为吊盆花卉之用。

台湾酸脚杆（台湾野牡丹藤）

【学名】*Medinilla formosana* Hayata

【科属】野牡丹科，酸脚杆属

【形态简要】常绿灌木，高0.5～1.5 m。茎攀缘状，小枝钝四棱形，具星散的皮孔，节上具1环短粗刺毛。叶纸质，对生或轮生，长圆状倒卵形或倒卵状披针形，顶端骤然尾状渐尖，基部楔形，全缘，离基3出脉。聚伞花序组成圆锥花序，顶生或近顶生；花萼近球形或四棱形。浆果近球形，为宿存萼所包。花期：9月至翌年3月；果期10月至翌年4月。

【产地分布】原产于中国台湾南端及岛屿。华南地区有栽培。

【生长习性】喜温暖湿润环境。喜光，在半阴环境下生长较佳。以排水良好的砂质壤土或腐叶土生长最佳。

【繁殖方法】扦插或播种繁殖。

【园林用途】枝叶繁茂，花色艳丽。宜庭院、公园、校园种植观赏，适用于山坡、路旁、河岸或林下，可丛植或列植。

酸脚杆

【学名】*Medinilla lanceata* (Nayar) C. Chen

【科属】野牡丹科，酸脚杆属

【形态简要】灌木至小乔木，高2～5 m。小枝初为钝四棱形，后圆柱形，树皮木栓化，纵裂。叶纸质，披针形至卵状披针形，边缘具疏细浅锯齿或近全缘，3或5基出脉。聚伞花序组成圆锥花序；花萼钟形，具不明显的棱，密布小突起；花瓣4；果坛形，密布小突起，被微柔毛。花期：10～12月；果期：12月至翌年2月。

【产地分布】原产于中国云南南部、海南岛。

【生长习性】喜高温多湿环境。喜光，较耐阴，忌烈日曝晒。土壤要求酸性，以肥沃、疏松的腐叶土或泥炭土为宜。

【繁殖方法】扦插或播种繁殖。

【园林用途】叶大浓绿有光泽，株形优美，粉红色花序下垂。宜庭院、公园、校园种植观赏，适合盆栽，可用于宾馆、厅堂、商场橱窗、别墅客室中摆设。

粉苞酸脚杆（宝莲灯、宝莲花）

【学名】*Medinilla magnifica* Lindl.

【科属】野牡丹科，酸脚杆属

【形态简要】常绿灌木，高0.5～2 m。茎有4棱或4翅。单叶对生，叶片卵形至椭圆形，全缘，主脉有明显的白色凹陷；无叶柄。穗状或圆锥花序下垂，较大，花外有粉红或粉白色总苞片。果实圆球形，顶部有宿存的萼片。花期：12月至翌年5月。

【产地分布】原产于菲律宾、马来西亚和印尼的热带雨林，分布于东半球热带地区。中国华南地区栽培观赏。

【生长习性】喜高温多湿环境。喜光，较耐阴，忌烈日曝晒；不耐寒，冬季温度不低于16 ℃。土壤要求酸性土，以肥沃、疏松的腐叶土或泥炭土为宜。

【繁殖方法】扦插或播种繁殖。

【园林用途】叶大浓绿有光泽，株形优美，粉红色花序下垂。适合盆栽，可用于宾馆、厅堂、商场橱窗、别墅客室中摆设。

多花野牡丹

【学名】*Melastoma affine* **D. Don**

【科属】野牡丹科，野牡丹属

【形态简要】常绿灌木，高约1 m。茎四棱形或近圆形，分枝多。叶片坚纸质，披针形、卵状披针形或近椭圆形，5基出脉，叶面密被糙伏毛。伞房花序生于分枝顶端，近头状；花瓣粉红色至红色，稀紫红色。蒴果坛状球形。花期：3～6月；果期：5～8月。

【产地分布】原产于中国广东、台湾、贵州、云南以南等地。

【生长习性】喜高温湿润气候。喜光，耐半阴；耐瘠薄。为酸性土的指示植物，在pH4.5～5.2的肥沃土壤中生长较佳。

【繁殖方法】扦插或播种繁殖。

【园林用途】花期长，花大，色彩艳丽，是美丽的观花植物，适合庭园、公园、校园风景林路边等地，孤植、丛植、片植或带状种植。

野牡丹

【学名】*Melastoma candidum* D. Don

【科属】野牡丹科，野牡丹属

【形态简要】常绿灌木，高 0.5～1.5 m。分枝多；茎钝四棱形或近圆柱形，密被糙伏毛。叶坚纸质，卵形或广卵形，顶端急尖，基部浅心形或近圆形，全缘，7基出脉，两面被毛。伞房花序生于分枝顶端，近头状，常有花3～5朵；花粉红色。果坛状球形，与宿存萼贴生。花期：6～9月；果期：9～12月。

【产地分布】原产于中国广东、广西、福建、台湾、云南。

【生长习性】喜温暖至高温气候。喜光，耐半阴。酸性指示植物，喜湿润肥沃的酸性土壤。

【繁殖方法】播种或扦插繁殖。

【园林用途】花期长，花大，色彩艳丽，是美丽的观花植物，适合庭园、公园、校园风景林路边等地，孤植、丛植、片植或带状种植。

细叶野牡丹（铺地莲、山公榴）

【学名】*Melastoma intermedium* Dunn

【科属】野牡丹科，野牡丹属

【形态简要】常绿小灌木，高0.3～0.6 m。茎直立或匍匐状，分枝多。叶片坚纸质，椭圆形或长圆状椭圆形，5基出脉。伞房花序顶生，有花1～5朵，基部有2叶状总苞；花瓣玫瑰红色至紫色。果坛状球形。花期：7～9月；果期：10～12月。

【产地分布】原产于中国广东、广西、福建、台湾、贵州。

【生长习性】喜温暖湿润环境。喜光，稍耐阴。酸性指示植物，喜湿润肥沃酸性土壤。

【繁殖方法】播种或扦插繁殖。

【园林用途】株形矮小，花艳美丽，为优良的地被或垂吊植物，适合片植。可以应用于盆栽、花坛等；庭园中片植；风景林路边向阳处片植或带状种植。

印度野牡丹

【学名】*Melastoma malabathricum* L.

【科属】野牡丹科，野牡丹属

【形态简要】常绿灌木，株高1.8～2.4 m。单叶对生，长8～10 cm，宽2～3 cm，披针形，全缘，3～5基出脉。顶生聚伞花序，有花5～8朵，粉红色，5瓣；花萼合生筒状，密被鳞片状糙伏毛，5裂。浆果红色。花果期：全年。

【产地分布】原产于印度及东南亚地区。在中国热带亚热带地区广为栽培。

【生长习性】喜温暖湿润的气候。喜光；不耐持续低温，冬季温度持续低于5 ℃数天，嫩枝受冻害；不耐干旱。喜湿润肥沃微酸性土壤。

【繁殖方法】播种、扦插或组培繁殖。

【园林用途】花色艳丽，花期长，是美丽的观花植物。适合庭园、公园、校园，孤植、片植或丛植观赏，也可作道路绿化。

常见栽培应用的变种或品种有：

'白花'印度野牡丹（*Melastoma malabathricum* L.'Alba'）：花白色。

'白花'印度野牡丹

'白花'印度野牡丹

'白花'印度野牡丹

'白花'印度野牡丹

'白花'印度野牡丹

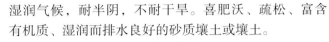

地菍 (地稔)

【学名】*Melastoma dodecandrum* Lour.

【科属】野牡丹科，野牡丹属

【形态简要】多年生半灌木，茎匍匐多分枝。叶对生，卵形或椭圆形。花淡紫红色；五枚镰状花药与花丝相映成趣。果实稍肉质，清甜可口。花期：夏季。

【产地分布】原产于中国广东、广西、福建等地区。

【生长习性】喜光，全日照或半日照均可。喜高温湿润气候，耐半阴，不耐干旱。喜肥沃、疏松、富含有机质、湿润而排水良好的砂质壤土或壤土。

【繁殖方法】播种或扦插繁殖。

【园林用途】花美色艳，花期甚长，是一种以观花为主的观赏植物。可作园林地被植物，地栽或盆栽。

展毛野牡丹

【学名】*Melastoma normale* **D. Don**

【科属】野牡丹科，野牡丹属

【形态简要】常绿灌木，高0.5～1 m。茎和小枝密被褐紫色长粗毛和短柔毛。叶坚纸质，椭圆形，长4～10.5 cm，宽1.4～3.5 cm，顶端渐尖，基部圆形或近心形，主脉明显，两面有毛，全缘，5基出脉。伞房花序生于分枝顶端，常具花3～7朵；花瓣紫红色。蒴果坛状球形，密被鳞片状糙伏毛。花期：3～8月；果期：6～10月。

【产地分布】原产于中国广东、广西、台湾、四川、云南。尼泊尔、印度、缅甸、马来西亚及菲律宾等地也有分布。

【生长习性】喜温暖湿润环境。喜光，耐半阴。酸性指示植物，喜湿润肥沃酸性土壤。

【繁殖方法】播种或扦插繁殖。

【园林用途】花大，色彩艳丽，是美丽的观花植物，适合庭园、公园、校园风景林路边等地，孤植、丛植、片植或带状种植。

毛菍（毛稔、毛棯）

【学名】*Melastoma sanguineum* Sims.

【科属】野牡丹科，野牡丹属

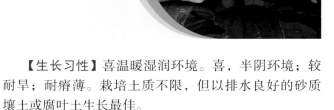

【形态简要】常绿灌木，高1.5～3 m。植株大部分被平展的长粗毛。叶片坚纸质，卵状披针形至披针形，长8～15 cm，宽2.5～5 cm，全缘，5基出脉。伞房花序顶生，有花3～5朵；花瓣粉红色或紫红色。果杯状球形。花果期：几乎全年，盛花期通常8～10月。

【产地分布】原产于中国广东、广西各地。印度、马来西亚、印度尼西亚、越南也有分布。中国广东、福建、香港有园林栽培。

【生长习性】喜温暖湿润环境。喜，半阴环境；较耐旱；耐瘠薄。栽培土质不限，但以排水良好的砂质壤土或腐叶土生长最佳。

【繁殖方法】播种或扦插繁殖。

【园林用途】花期长，花大，色彩艳丽，是美丽的观花植物，适合庭园、公园、校园风景林路边等地，孤植、丛植、片植或带状种植。

棱果谷木

【学名】*Memecylon octocostatum Merr. et Chun*

【科属】野牡丹科，谷木属

【形态简要】常绿灌木，株高0.8～2.5 m。分枝多，株形紧凑。小枝四棱形，棱上略具狭翅。单叶对生，叶片近革质，椭圆形或广椭圆形，长1～3.5 cm，宽0.7～1.5 cm，全缘，无毛。聚伞花序腋生，花序短；花瓣淡蓝紫色。果扁球形，具8条明显的纵棱。花期：5～6月或11月；果期：11月至翌年1月。

【产地分布】原产于中国广东南部。广州有引种栽培。

【生长习性】喜温暖湿润的气候。喜光，耐阴；较耐寒；耐瘠薄。以排水良好的砂质壤土为佳。

【繁殖方法】播种或扦插繁殖。

【园林用途】株形紧密，风姿绰约，叶色墨绿葱翠，生机盎然。可用作绿篱整形或林下配植，或于庭院、公园孤植、丛植点缀，也可盆栽观赏。

朝天罐（高脚红缸、罐子草、阔叶金锦香）

【学名】 *Osbeckia opipara* C. Y. Wu et C. Chen.

【科属】 野牡丹科，金锦香属

【形态简要】 灌木，株高 0.3～1.5 m。茎四棱形，稀六棱形，茎上被平贴的糙伏毛或上升的糙伏毛。单叶对生，有时3枚轮生，卵形至卵状披针形，长5～12 cm，宽2～3 cm，5基出脉。圆锥花序顶生，由聚伞花序组成；花瓣深红色至紫色，卵形。蒴果长卵形，为长坛状宿存萼所包。花期：7～9月；果期：8～10月。

【产地分布】 原产于中国贵州、广西至台湾、长江流域以南各地区。广东、福建、香港有栽培。

【生长习性】 喜温暖湿润的气候。喜光，较耐阴。以排水良好的砂质壤土或腐叶土为佳。

【繁殖方法】 播种或扦插繁殖。

【园林用途】 株形优雅，花果期长，花大，花色鲜艳，果形独特，为花果同赏植物，极具观赏价值。可用来点缀公园的林中空地及园林中的草坪绿地，布置花坛、花径或作花境栽培。

银毛野牡丹（银绒野牡丹、银毛蒂牡花）

【学名】*Tibouchina aspera* Aubl. var. *asperrima* Cogn.

【科属】野牡丹科，蒂牡花属

【形态简要】常绿灌木，高1m。茎四棱形，分枝多。叶阔卵形，长8～12cm，宽4～6cm，脉3～5条；粗糙，两面密被银白色绒毛，叶背较叶面密集。聚伞式圆锥花序直立，顶生，长20～30cm；花瓣倒三角状卵形，艳紫色。花期：5～7月；广州未见结果。

【产地分布】原产于热带美洲。中国南方各地有栽培。

【生长习性】喜高温湿润环境。喜光，耐半阴；抗性强，生长强健，病虫害少；耐修剪。喜肥沃、湿润、富含有机质的砂质壤土。

【繁殖方法】扦插或组培繁殖。

【园林用途】花序长，非常醒目；花色艳丽，花多而密，叶形奇特，极具观赏价值，为优良的紫色系观花植物，可作为庭园、花镜布置的观赏植物。庭园中地栽可丛植、片植或带状种植；风景林路边向阳处丛植或带状种植。

大花蒂牡花

【学名】*Tibouchina granulosa* (Desr.) Cogn.

【科属】野牡丹科，蒂牡花属

【形态简要】常绿直立灌木或小乔木，株高可达4～5 m。幼枝四棱形，具明显的翅；全株密被短刚毛。叶对生，长卵圆形，长10～18 cm，宽4～5.5 cm，5基出脉。圆锥花序顶生，花瓣蓝紫色，花径5.5～6.5 cm。盛花期：12月至翌年2月；广州未见结果。

【产地分布】原产于南美。中国广州等地有引种栽培。

【生长习性】喜高温湿润气候。喜全阳，耐半阴；稍耐寒；稍耐旱。栽培土质以排水良好的酸性砂质壤土为佳。

【繁殖方法】扦插或压条繁殖。

【园林用途】叶片墨绿青翠，花色艳丽明显，花期长。可于庭院、公园、道路两旁绿地等孤植、丛植。

角茎野牡丹（角茎蒂牡花）

【学名】*Tibouchina Aubl.* 'Cornutum'

【科属】野牡丹科，蒂牡花属

【形态简要】常绿灌木或小乔木，株高1～4 m。嫩枝四棱，具翅；全株密被短刚毛。叶对生，长椭圆形，先端渐尖，近全缘或具细锯状，厚纸质，5基出脉。聚伞花序顶生；花紫红色，花瓣5～6枚，花径8～10 cm。花期：7月至翌年3月；广州未见结果。

【产地分布】原产于巴西和玻利维亚。中国南方各地有栽培。

【生长习性】喜高温湿润气候。喜光；不耐寒，广州从化地区霜冻天气嫩梢易受冻害。适宜在偏酸、疏松的土壤中栽培。

【繁殖方法】扦插或组培繁殖。

【园林用途】花期长，花色艳丽。可孤植、丛植、带植或片植，适合用于庭园绿化、盆栽，市政道路、公路、铁路等沿线隔离带种植。

巴西野牡丹（巴西蒂牡花）

【学名】*Tibouchina semidecandra* (Schrank et Mart ex DC.) Cogn.

【科属】野牡丹科，蒂牡花属

【形态简要】常绿灌木，高0.5～3 m。分枝多，枝条红褐色，株形紧凑。叶对生，革质，椭圆形至披针形，全缘，5基出脉。伞形花序着生于分枝顶端，近头状，有花3～5朵，花瓣5，紫色。蒴果坛状球形。花期：几乎全年；广州未见结果。

【产地分布】原产于巴西。中国南方各地广为栽培。

【生长习性】喜高温湿润气候。喜光；不耐寒；耐旱；抗病虫害能力强；耐修剪。以排水良好的砂质壤土或腐叶土生长最佳。

【繁殖方法】扦插或压条繁殖。

【园林用途】花开繁盛，紫红色，娇艳；花期长，可作为庭园、花坛、花镜布置的观花植物。地栽或盆栽即可，庭园中地栽可孤植、丛植、片植或带状种植，盆栽置于房前屋后或窗台，效果极佳；风景林路边向阳处孤植、丛植或带状种植。

蒂牡花（艳紫野牡丹）

【学名】*Tibouchina urvilleana* (DC.) Cogn.

【科属】野牡丹科，蒂牡花属

【形态简要】常绿灌木，高0.6～1.2 m。分枝多，茎四棱形，茎、枝条、叶子均密被紧贴的流苏状糙伏毛。叶对生，软纸质，卵形或披针状卵形，顶端渐尖，基部浅心形，全缘，7基出脉，两面密被糙伏毛和细柔毛，背面基出脉隆起。伞形花序生于分枝顶端，近头状，有花3～5朵，深紫色。蒴果坛形。花期：4～10月。

【产地分布】原产于巴西。中国华南地区有栽培。

【生长习性】喜高温湿润气候。喜光，耐半阴；不耐寒；生性强健；生长迅速。以排水良好的砂质壤土或腐叶土生长最佳。

【繁殖方法】扦插或组培繁殖。

【园林用途】株形紧凑美观，分枝力强，紫色花，色彩艳丽，花期长，花大且多，是美丽的观花植物，可作为庭园、花坛、花镜布置的观赏植物。庭园、公园、校园、风景区孤植、丛植、片植或带状种植。

野牡丹 '超群'

【学名】*Melastoma* L. 'Chaoqun'

【科属】野牡丹科，野牡丹属

【形态简要】常绿直立大灌木，高1.2～2.5 m。幼枝四棱形，被紧贴的棕褐色糙伏毛。叶厚纸质，长卵圆形，长10～16 cm，宽3.5～7.5 cm，全缘，5基出脉；叶面被糙伏毛，背面无毛。伞形花序，具花3～6朵，花瓣粉红色，花梗、花萼均被紫红色糙伏毛，花径10～13 cm。蒴果坛状球形，果径1.6～1.8 cm，密被紫红色糙伏毛。花果期：几乎全年，盛花期5～7月。

【产地分布】从以毛菍（*M. sanguineum*）为母本的自然授粉后代中选育而来，中国广州地区常见园林栽培。

【生长习性】喜温暖湿润气候。喜光或半阴环境；忌积水。栽培基质以疏松肥沃、富含腐殖质、排水良好的酸性壤土为宜。

【繁殖方法】扦插繁殖。

【园林用途】枝叶舒展，花期长，花大色艳，极具观赏价值，可用于公园、庭院、道路两边绿地等，孤植、丛植。为优良的观花植物。

野牡丹 '天骄'

【学名】*Melastoma* L. 'Tianjiao'

【科属】野牡丹科，野牡丹属

【形态简要】常绿小灌木，高可达1.5 m。茎多分枝，圆柱形，被紧贴的褐色鳞片状毛或粗刚毛。叶对生，纸质或薄革质，卵形或广卵形，长3～5 cm，宽0.8～2.0 cm，5基出脉，两面有贴伏的粗毛。伞房花序生于枝顶，有花3～5朵，花浅紫色，花径5～6 cm。蒴果坛状球形，长1.0～1.7 cm，与宿存萼贴生，密被鳞片状糙伏毛。花期：6～10月，其中盛花期6～7月；果期：6～11月。

【产地分布】从以野牡丹（*M. candidum*）为母本、毛菍（*M. sanguineum*）为父本杂交所得的F_1代播种萌发的实生苗中选育而来。中国广东地区有栽培。

【生长习性】喜温暖气候。喜光，耐半阴；耐高温；稍耐旱；耐瘠薄。栽培土质以酸性土壤为佳。

【繁殖方法】扦插繁殖。

【园林用途】株形紧凑，叶片细致优雅，花量繁多，宜作公园、庭院的观花灌木，也可作盆栽观赏。

野牡丹'天骄2号'

【学名】*Melastoma* L. 'Tianjiao 2'

【科属】野牡丹科，野牡丹属

【形态简要】常绿直立灌木，株高可达1.2～1.5 m，株形紧凑。幼枝四棱形，被紧贴的棕褐色糙伏毛。叶宽披针形，长3～8 cm，宽1.5～3 cm，全缘，3基出脉，叶面被糙伏毛，叶背基出脉隆起；叶柄紫红色，被糙伏毛。伞形花序，具花3～6朵；花瓣粉红色，具1束刺毛，雄蕊瓣化；花萼楔形，花梗、花萼均被紫红色糙伏毛，花径5～8 cm。蒴果坛状球形，密被紫红色糙伏毛。花果期：几乎全年，盛花期8～10月。

【产地分布】从以野牡丹（*M. candidum*）为母本、毛菍（*M. sanguineum*）为父本杂交所得的F_1代中选育而来。中国广东地区有栽培。

【生长习性】喜温暖湿润气候。喜光，稍耐半阴；稍耐旱。栽培土质以酸性土壤为佳。

【繁殖方法】扦插繁殖。

【园林用途】株形紧凑，叶色墨绿，花量繁多，可于公园、庭院等孤植、丛植或片植。

野牡丹 '心愿'

【学名】*Melastoma* L. 'Xinyuan'

【科属】野牡丹科，野牡丹属

【形态简要】常绿小灌木，高0.5～2 m，株形舒展。茎直立，多分枝，老茎近圆柱形，嫩茎近四棱形，被紧贴的褐色鳞片状毛或刚毛。叶对生，叶片坚纸质或纸质，卵状披针形至披针形，长7～9 cm，宽2～4 cm，5基出脉，两面有紧贴的粗毛。伞房花序生于枝顶，有花3～5朵，花浅紫色，雄蕊瓣化，形成花瓣的内环；花径6～7 cm。蒴果杯状球形，胎座肉质，被鳞片状糙伏毛。花期：6～8月；果期：7～10月。

【产地分布】从以毛菍（*M. sanguineum*）为母本、细叶野牡丹（*M. intermedium*）为父本杂交所得的F_1选育而来。中国广东地区有栽培。

【生长习性】喜温暖至高温气候。喜光，耐半阴；稍耐旱；耐瘠薄。栽培土质以酸性土壤为佳。

【繁殖方法】扦插繁殖。

【园林用途】雄蕊瓣化，花形奇特，具有较高的观赏价值。宜用作公园、庭院绿化树种。

野牡丹 '云彩'

【学名】*Melastoma* L. 'Yuncai'

【科属】野牡丹科，野牡丹属

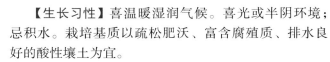

【形态简要】常绿直立大灌木，高1.2～2.5 m。幼枝四棱形，被紧贴的褐紫色糙伏毛。叶坚纸质，宽披针形，长8～12 cm，宽2～4 cm，全缘，5基出脉。伞形花序，具花3～6朵，花瓣粉红色，具1束刺毛；花梗、花萼均被紫红色糙伏毛，花径7～8 cm。蒴果坛状球形密被紫红色糙伏毛。花果期：几乎全年，盛花期5～7月。

【产地分布】从以毛菍（*M. sanguineum*）为母本的自然授粉后代中选育而来。中国广东地区有栽培。

【生长习性】喜温暖湿润气候。喜光或半阴环境；忌积水。栽培基质以疏松肥沃、富含腐殖质、排水良好的酸性壤土为宜。

【繁殖方法】扦插繁殖。

【园林用途】枝叶繁密，株形美观，花期长，花量多，花色艳丽，是美丽的观花植物，可于公园、庭院、道路两边绿等地孤植、丛植或片植。

使君子（留求子、五棱子）

【学名】 *Quisqualis indica* L.

【科属】 使君子科，使君子属

【形态简要】 攀缘状灌木。小枝被棕黄色短柔毛。叶对生或近对生，膜质，卵形或椭圆形，长5～11 cm，宽2～6 cm，侧脉7或8对。穗状花序顶生，组成伞房花序式，花初开为白色，后转粉红色，再变为艳红色；果卵形，成熟时呈青黑色或栗色。花期：5～6月；果期：8～9月。

【产地分布】 原产于中国四川、贵州至南岭以南各地区。

【生长习性】 喜温暖湿润气候。喜阳光充足，也耐半阴；不耐寒；不耐旱；耐修剪。喜肥沃湿润富含有机质的砂质壤土。

【繁殖方法】 扦插、分株或压条繁殖。

【园林用途】 枝叶繁茂，攀缘能力强，具芳香，是棚架和栅栏的优异花材。

常见栽培应用的变种或品种有：

重瓣使君子（*Q. indica* 'Double Flowered'）：花瓣由使君子的一轮变为两轮，花初为白色，次日清晨变粉红，傍晚变成红色，最后变紫红色，是观赏价值较高的藤本花卉植物。

重瓣使君子

角果木（海淀子、海枊子、剪子树）

【学名】*Ceriops tagal* (Perr.) C. B. Rob.

【科属】红树科，角果木属

【形态简要】常绿灌木至小乔木，高2～5 m。具呼吸根，树干常弯曲，树皮灰褐色，有细裂纹。叶对生，厚革质，倒卵形或匙形，长4～7 cm，宽2～4 cm，顶端圆或微凹，基部狭长。聚伞花序腋生，花小，花瓣白色。果实圆锥状卵形。花期：秋冬季；果期：秋末冬初。

【产地分布】原产于中国广东、海南及台湾。斯里兰卡、印度、缅甸、泰国、马来西亚、菲律宾、澳大利亚北部、非洲东部也有分布。中国华南滨海地区有种植。

【生长习性】喜高温湿润气候。喜光；耐寒性较强，在浙江温州等地能安全越冬；耐水；耐盐，但不耐海浪冲击。喜肥沃深厚的淤泥。

【繁殖方法】胎生繁殖。

【园林用途】红树林植物，株形美观，耐盐碱，可群植于海滩绿化。

金丝桃（狗胡花、金线蝴蝶、金丝海棠、过路黄）

【学名】*Hypericum monogynum* L.

【科属】金丝桃科，金丝桃属

【形态简要】半常绿灌木，高 0.5～1.3 m。枝条丛状或疏生开张，茎红色。叶对生，纸质，无柄或柄极短，椭圆形或长圆形，长 2～11 cm，宽 1～4 cm，叶面绿色，叶背淡绿色，花黄色。蒴果卵形。花期：5～8 月；果期：8～9 月。

【产地分布】原产于中国南部及中部地区。中国华南、华东等地多有栽培。

【生长习性】喜温暖湿润环境。喜光，略耐阴；耐寒；耐瘠薄。不拘土质。

【繁殖方法】播种、分株或扦插繁殖。

【园林用途】花叶秀丽，宜植于庭院假山旁及路旁，或点缀草坪。

菲岛福木（福树、福木）

【学名】*Garcinia subelliptica* Merr.

【科属】藤黄科，藤黄属

【形态简要】常绿灌木至小乔木，高3～5 m，可达20 m以上。枝粗壮，具4～6棱。叶对生，厚革质，椭圆形，长7～20 cm，宽3～7 cm。花簇生或单生于叶腋，乳黄色，有时雌花成簇生状，雄花成假穗状。浆果宽长圆形，表面光滑，熟时金黄色。花期：4～6月。

【产地分布】原产于中国台湾南部。琉球群岛、菲律宾、斯里兰卡、印度尼西亚也有分布。中国华南地区常见栽培，台北市亦见栽培。

【生长习性】喜高温湿润气候。喜光，耐半阴；抗盐；耐旱；耐风。宜富含有机质排水良好的中性土壤。

【繁殖方法】播种繁殖。

【园林用途】株形端正美观，叶浓绿。可作行道树、园景树，幼树可做盆栽，也适于海岸绿化。

非洲芙蓉 （吊芙蓉）

【学名】*Dombeya wallichii* (Lindl.) Benth. et Hook. f.

【科属】锦葵科，非洲芙蓉属

【形态简要】常绿灌木或小乔木，高3～15 m。主干明显但不强健。单叶互生，心形，长8～15 cm，叶缘具钝锯齿，掌状脉7～9条，枝及叶均被柔毛。伞形花序呈圆球形，从叶腋间伸出，由花轴悬吊而下，有花多数；花冠粉红色。花期：12月至翌年4月。

【产地分布】原产于热带非洲。世界热带南亚热带地区广泛栽培，中国华南地区有栽培。

【生长习性】喜高温湿润气候。喜光，在半日照或全日照等地均生长迅速；可耐-2 ℃低温；不抗风。喜肥沃、湿润土壤。

【繁殖方法】扦插繁殖。

【园林用途】花悬垂球状，漂亮鲜艳，枝干浓密。适合庭院、公园、校园等丛植及片植。

蔓性风铃花（红萼苘麻、灯笼花、红心吐金）

【学名】*Abutilon megapotamicum* (Spreng.) St. Hil. et Naudin.

【科属】锦葵科，苘麻属

【形态简要】常绿木质藤蔓状灌木，高1～2.5 m。枝条纤幼细长，分枝很多。叶互生，心形，有细长叶柄，绿色，长5～10 cm，叶缘有钝锯齿，有时分裂。花生于叶腋，下垂，萼片心形，红色，长约2.5 cm；花瓣5，黄色，闭合，由花萼中吐出。全年都可开花。

【产地分布】原产于巴西、阿根廷和乌拉圭。中国华南地区栽培。

【生长习性】喜温暖湿润气候。喜光，稍耐阴；不耐寒。宜肥沃、湿润而排水好的砂壤土。

【繁殖方法】播种或扦插繁殖。

【园林用途】花冠状如风铃，又似红心吐金，姿态娇俏，色彩鲜艳，可以布置花丛、花境，也可作盆栽。

金铃花（纹瓣悬铃花）

【学名】*Abutilon pictum* (Gillies ex Hooken) Walp.

【科属】锦葵科，苘麻属

【形态简要】常绿灌木，高达1 m。叶掌状3～5深裂，直径5～8 cm，裂片卵状渐尖形，先端长渐尖，边缘具锯齿或粗齿。花单生于叶腋，钟形，橘黄色，具紫色条纹，长3～5 cm，直径约3 cm，花瓣5，倒卵形，外面疏被柔毛；花梗下垂，长7～10 cm，无毛。花期：5～10月；果未见。

【产地分布】原产于南美洲的巴西、乌拉圭等地。中国华南地区栽培。

【生长习性】喜温暖湿润气候。不耐寒，北方地区盆栽，越冬最低为3～5 ℃；耐瘠薄。以肥沃湿润、排水良好的微酸性土壤较好。

【繁殖方法】扦插繁殖。

【园林用途】园林中颇有观赏价值的植物，可以布置花丛、花境，也可作盆栽、悬挂花篮等。

海滨木槿（海槿、日本黄槿）

【学名】*Hibiscus hamabo* Sieb. et Zucc.

【科属】锦葵科，木槿属

【形态简要】落叶灌木或小乔木，高3～5 m。树冠扁球形，枝叶浓密。单叶互生，厚纸质，倒卵形或宽倒卵形，长2～6 cm，宽3～7 cm，叶缘中上部具细圆齿，掌状脉5～7。花单生于近枝端叶腋，花金黄色，花冠钟状。蒴果三角状卵形。花期：7～10月；果期：10～11月。

【产地分布】原产于中国浙江、福建、广东沿海，日本和朝鲜半岛。

【生长习性】喜高温湿润气候。喜光；耐高温，耐寒；耐盐碱；能耐短时期的水涝，也略耐干旱；抗风力强。对土壤适应能力强。

【繁殖方法】扦插繁殖。

【园林用途】枝叶浓密，花大色艳，花期长，花期夏季，观赏价值独特。可孤植、丛植、片植，亦可修剪成各种花墙、花篱、海岸防护林。

木芙蓉（芙蓉花、酒醉芙蓉）

【学名】*Hibiscus mutabilis* L.

【科属】锦葵科，木槿属

【形态简要】落叶灌木或小乔木，高2～5 m。叶互生，叶卵圆状心形，直径10～15 cm，常5～7裂，裂片三角形。花单生于枝端叶腋间；初开时白色或淡红色，后变深红色，花瓣近圆形。蒴果扁球形，直径约2.5 cm；种子肾形。花期：8～10月；果期：9～11月。

【产地分布】原产于中国湖南。中国长江流域及其以南地区都有栽培。日本和东南亚各国也有栽培。

【生长习性】喜温暖湿润环境。喜光，稍耐半阴；耐寒；忌干旱，耐水湿。对土壤要求不严，但在肥沃、湿润、排水良好的砂质土壤中生长最好。

【繁殖方法】播种或扦插繁殖。

【园林用途】花大色艳，为中国久经栽培的园林观赏植物。多在庭园栽植，可孤植、丛植于墙边、路旁、厅前等，特别适宜于水滨配植。

常见栽培应用的变种或品种有：

重瓣木芙蓉 [*Hibiscus mutabilis* L. f. *plenus* (Andrews) S. Y. Hu.]：花圆球形，重瓣，初为白色，渐深玫瑰红色。

重瓣木芙蓉

重瓣木芙蓉

朱槿（大红花、扶桑、状元红）

【学名】*Hibiscus rosa-sinensis* L.

【科属】锦葵科，木槿属

【形态简要】常绿灌木，高1～3 m。茎直立而多分枝，树冠近圆形。叶互生，阔卵形，边缘有锯齿及缺刻，基部近全缘。花单生于上部叶腋间，花大，常下垂；花冠漏斗状，花瓣倒卵形，外面疏被柔毛，玫瑰红或淡红、淡黄等色，雄蕊筒及柱头超出花冠之外。蒴果卵形，平滑无毛，有喙。花期：全年。

【产地分布】原产于亚洲东南部。国内外广为栽培，中国南方各地普遍栽培。

【生长习性】喜温暖湿润气候。强阳性植物；不耐寒；耐湿怕干；耐修剪。宜肥沃、疏松的微酸性壤土。

【繁殖方法】扦插或嫁接繁殖。

【园林用途】世界名花，品种繁多。花大色艳，花期长，是著名的观赏花木。常用于道路两侧、分车带及庭园、公园、校园、水滨绿化。高大的单瓣品种，可植为背景屏篱，也可作高杆植物栽培，小乔木应用。

常见栽培应用的变种或品种有：

重瓣朱槿（*H. roses-sinensis* Linn. var. *rubro-plenus* Sweet Hort.）：又称朱槿牡丹、月月开、酸醋花。花重瓣，花冠非漏斗状，红、淡红、橙黄等色；雄蕊及柱头不突出冠外。

'彩叶'朱槿（*H. rosa-sinensis* L. 'Variegata'）：叶片有黄、白、红和粉红等色。花红色，单瓣。

重瓣朱槿

重瓣朱槿

重瓣朱槿

'彩叶'朱槿

'彩叶'朱槿

'彩叶'朱槿

吊灯扶桑（裂瓣朱槿、吊灯花）

【学名】*Hibiscus schizopetalus* (Masters) Hook. f.

【科属】锦葵科，木槿属

【形态简要】常绿直立灌木，高达3 m。小枝细瘦，常下垂。叶互生，椭圆形或长圆形，长5～7 cm，边缘具齿缺。花单生于枝端叶腋间，下垂，红色的花瓣5，深细裂作流苏状，向上反曲；下垂的雄蕊柱长而突出，长达9～10 cm。花期：全年；广州地区未见结实。

【产地分布】原产于非洲热带地区。世界热带、南亚热带地区常见栽培。中国华南地区有栽培。

【生长习性】喜高温湿润气候。喜光，不耐阴；不耐寒。对土壤要求不严，宜肥沃疏松透气偏酸性土壤。

【繁殖方法】扦插繁殖。

【园林用途】枝条柔软，绿叶婆娑，花形极为奇特，如垂吊的花灯，玲珑可爱。多栽植于公园、庭院、校园的池畔、亭前、道旁和墙边。

紫花重瓣木槿

【学名】*Hibiscus syriacus* var. *violaceus* L. F. Gagnep.

【科属】锦葵科，木槿属

【形态简要】落叶灌木，高3～4m。小枝密被黄色星状绒毛。叶菱形至三角状卵形，具深浅不同的3裂或不裂；托叶线形，长约6mm，疏被柔毛。花单生于枝端叶腋间，重瓣，淡紫色，倒卵形。花期：7～10月。

【产地分布】原产于中国云南、贵州、四川等地。中国南方各地广为栽培。

【生长习性】喜温暖湿润气候。喜光，稍耐阴；耐寒；耐旱；萌蘖性强，耐修剪。对土壤要求不严。

【繁殖方法】扦插繁殖。

【园林用途】株形端正，花色绚丽，是优良的观赏花卉。可列植、孤植、或丛植观赏，可作花篱、绿篱。

花叶黄槿

【学名】*Hibiscus tiliaceus* L.'Tricolor'

【科属】锦葵科，木槿属

【形态简要】常绿乔木，可做灌木栽培，株高可达
5 m。叶互生，阔心形，全缘，叶面有乳白色、粉红色、
红色、褐色等斑点。成年植株开花，聚伞花序，腋生，
花冠黄色，喉部暗红色。花期：6～8月；果期：9～11月。

【产地分布】园艺栽培品种，中国华南地区有栽培。

【生长习性】喜高温高湿。喜光，光照越强，色彩
越鲜艳；生性强健。以壤土或砂质壤土种植为佳。

【繁殖方法】压条或扦插繁殖。

【园林用途】叶色优雅美观，适作行道树、园景树
或作为有色球体灌木或大型色块应用，也可用于盆栽
观赏。

冲天槿（小悬铃花）

【学名】*Malvaviscus arboreus* Cav.

【科属】锦葵科，悬铃花属

【形态简要】常绿小灌木，高约1 m；小枝圆柱形，被疏长柔毛。叶宽心形至圆心形，长7～10 cm，边缘具不规则钝齿，通常钝3裂，两面均疏被星状柔毛。花单生于叶腋；萼钟形，裂片5，与小苞片近等长，被毛；花冠红色，管状，雄蕊突出于花冠管外。花期：全年，盛花期9～12月；果未见。

【产地分布】原产于古巴至墨西哥。中国广东、福建、云南有栽培。

【生长习性】喜高温多湿环境。喜光；耐修剪。喜肥沃、疏松土壤。

【繁殖方法】扦插或播种繁殖。

【园林用途】极为美丽的园林观赏植物，适合公园、庭院、校园丛植、孤植观赏。

131

垂花悬铃花

【学名】*Malvaviscus penduliflorus* DC.

【科属】锦葵科，悬铃花属

【形态简要】灌木，高达2 m。单叶，互生，卵状披针形，长6～12 cm，宽2～6 cm，边缘具钝齿。花单生于叶腋；红色，下垂，筒状，仅于上部略开展，长约5 cm。花期：全年，盛花期9～12月。

【产地分布】原产于墨西哥至秘鲁及巴西。世界热带及亚热带地区广为栽培，中国华南地区常见栽培。

【生长习性】喜高温多湿环境。喜光，稍耐阴；耐热、不耐寒；耐旱，忌涝；耐瘠薄。在肥沃、疏松和排水良好的微酸性土壤中生长快速。

【繁殖方法】扦插繁殖。

【园林用途】全年花开不断，形似风铃，花姿奇特。可配植于庭园、绿地、道路，也可以列植作花境、花篱，或自然式种植。

常见栽培应用的品种有：

'玫红'垂花悬铃花（*M. penduliflorus* DC. 'Rosea'）：花粉红色。

'玫红'垂悬铃花

'玫红'垂悬铃花

狭叶异翅藤

【学名】*Heteropterys glabra* Hook. et Arn.

【科属】金虎尾科，异翅藤属

【形态简要】常绿缠绕状灌木，高可达3 m。叶对生、近对生或轮生；纸质，披针形或长椭圆状披针形，长5～10 cm，宽0.8～1.5 cm，全缘；叶柄顶端有2腺体。顶生伞形花序或假总状花序；花辐射对称；直径0.7 cm，花瓣鲜黄色。翅果长1.5～2 cm，宽0.8～1 cm，椭圆形或倒卵状椭圆形，果熟时紫红色至鲜红色。花果期：全年，盛花果期8～11月。

【产地分布】原产于中美洲和南美洲。中国华南地区有栽培。

【生长习性】喜温暖湿润气候。喜光；适应性强，耐干旱贫瘠；耐肥、耐湿。对土壤肥力要求不高，在酸性、中性和钙性土都能生长，但在土壤疏松肥沃，排水良好的地方生长更盛。

【繁殖方法】扦插或播种繁殖。

【园林用途】花黄果红，色彩艳丽，果期长达11个月，花果同期亦有9个月；为优良的园林绿化观叶、观花、观果植物。可片植、丛植于绿地，或供花棚、花架、绿廊、绿门等缠绕之用。

垂序金虎尾

【学名】*Lophanthera lactescens* Ducke

【科属】金虎尾科，垂序金虎尾属

【形态简要】常绿大灌木至小乔木，高可达5 m。树冠塔形，分枝多。叶对生，肉质，深绿色，有光泽，长椭圆形。花冠黄色，雄蕊多数，花聚生成总状花序，长可达40～50 cm，下垂。果实蒴果近球形，室背开3裂，绿色。花期：7～12月，盛花期为8～10月。

【产地分布】原产于巴西。中国华南地区引种栽培。

【生长习性】喜温暖湿润气候。喜全阳，稍耐阴；华南地区温度低于5 ℃后，植株受到寒害，但天气转暖能快速恢复；植株新稍萌发力较强，生长速度快。喜排水良好肥沃的酸性土壤。

【繁殖方法】播种或扦插繁殖。

【园林用途】树姿优雅，花期长，花序新奇，具有极高观赏价值。宜孤植、丛植，用于公园、庭院作观叶、观花植物。

金虎尾（刺叶黄褥花）

【学名】*Malpighia coccigera* L.

【科属】金虎尾科，金虎尾属

【形态简要】常绿灌木，高1 m。叶对生，革质，椭圆形或长圆形，边缘全缘或锯齿状，长8～14 cm，宽7～9 cm。花序腋生，单生或成对。花浅红色；花萼5，裂片披针形，有2个腺体；花瓣5，浅红色，流苏状；雄蕊10，弯曲。浆果红色。

【产地分布】原产于印度南部。中国华南地区有栽培。

【生长习性】喜高温高湿气候。喜光。宜微碱性、排水良好的砂质土壤。

【繁殖方法】扦插或播种繁殖。

【园林用途】叶带刺，修剪时需注意防护，花粉红色，果红色，似樱桃。宜道路、公园做绿篱，也可作招鸟植物。

小叶金虎尾 （小叶褥花、小李樱桃）

【学名】*Malpighia glabra* L. 'Fairchild'

【科属】金虎尾科，金虎尾属

【形态简要】常绿灌木，高 0.5～1.2 m。树皮红褐色或灰褐色，有明显皮孔。叶对生，披针形，叶缘波浪状，长椭圆形。花顶生或腋生，聚伞状花序，五瓣，粉红色，花径约 1 cm。核果扁球形，鲜红色。花期：8～11月；果期：9～12月。

【产地分布】栽培品种，原种产于热带美洲。中国华南地区有栽培。

【生长习性】喜高温高湿气候。喜光；耐霜冻。宜微碱性、排水良好的砂质土壤。

【繁殖方法】扦插或播种繁殖。

【园林用途】叶色翠绿，花粉红色，果红色，似樱桃。宜道路、公园、庭院、校园做地被、绿篱，也可作招鸟植物。

金英（黄花金虎尾）

【学名】*Thryallis gracilis* O. Kuntze

【科属】金虎尾科，金英属

【形态简要】常绿灌木，高1～2m。枝柔弱，淡褐色。叶对生，膜质，长圆形或椭圆状长圆形，长2～6cm，宽0.8～2cm，全缘，基部有2枚腺体。总状花序顶生；花瓣黄色，长圆状椭圆形，长约1cm。蒴果球形。花期：6～9月；果期：8～11月。

【产地分布】原产于墨西哥和巴拿马。世界热带地区广为栽培。中国华南地区有栽培。

【生长习性】喜高温多湿气候。喜光，耐半阴。土壤以富含有机质和肥沃湿润的砂质壤土为宜。

【繁殖方法】扦插繁殖。

【园林用途】株形秀美，花色艳丽，花期长。宜种植于庭园和绿地作添景植物，群植和列植的景观效果均佳。

红穗铁苋菜（狗尾红）

【学名】*Acalypha hispida* Burm. f.

【科属】大戟科，铁苋菜属

【形态简要】常绿灌木，高0.5～3 m。叶纸质，阔卵形或卵形，长8～20 cm，宽5～14 cm，边缘具粗锯齿；3～5基出脉。雌雄异株，雌花序腋生，穗状，长15～30 cm，下垂，花序轴被柔毛；红色或紫红色；雄花序未见。蒴果未见。花期：2～11月。

【产地分布】原产于东印度及马来半岛。中国南方各地广为栽培。

【生长习性】喜高温湿润气候。喜光，全日照、半日照或稍荫蔽均可。栽培不择土壤，但以富含有机质的砂壤土为佳。

【繁殖方法】扦插繁殖。

【园林用途】花期长，花形奇特，花序长而下垂，色绯红并有鹅绒状光泽，形似狗尾，故又称"狗尾红"，是南方庭院优良的观花植物。

红尾铁苋菜（猫尾红）

【学名】*Acalypha chamaedrifolia* (Lam.) Muell. Arg.

【科属】大戟科，铁苋菜属

【形态简要】常绿蔓性亚灌木，株高10～25 cm。叶互生，卵圆形，先端渐尖，基部楔形，叶缘具锯齿。柔荑花序具毛，顶生，红色，形似猫尾。花期：春季至秋季。

【产地分布】原产于西印度群岛。现世界各地均有栽培。

【生长习性】喜高温湿润气候。耐阴，全日照、半日照均可；不耐严寒。喜富含有机质且排水良好的砂质壤土。

【繁殖方法】扦插繁殖。

【园林用途】花期长，红色茸毛般的柔荑花序，形似猫尾，又像红色毛毛虫，甚为奇特。园林上宜作花坛、地被、盆栽等应用，宜植于公园、植物园和庭院内。

红桑（铁苋菜、血见愁）

大戟科

【学名】*Acalypha wilkesiana* Müll. Arg.

【科属】大戟科，铁苋菜属

【形态简要】常绿灌木，高1～2 m。分枝茂密，形成密丛。叶互生，宽卵形或卵状长圆形，长10～15 cm，顶端渐尖，基部圆钝，边缘具粗圆锯齿，红色、绛红色或红色带紫斑，叶背沿叶脉具疏毛。花单性，雌雄同株异序，淡紫色。花期：春、夏两季。

【产地分布】原产于太平洋岛屿。热带、南亚热带地区广为栽培。中国华南地区常见栽培。

【生长习性】喜温暖至高温湿润气候。喜光，日照越充足，叶色越艳丽；不耐寒；耐干旱，忌水湿。喜疏松、肥沃、排水良好的土壤。

【繁殖方法】扦插繁殖。

【园林用途】品种繁多，叶色多样，是热带庭园绿化的优良树种，在南方地区常作庭院、公园中的绿篱和观叶灌木，可配置在灌木丛中点缀色彩。

常见栽培应用的变种或品种有：

'洒金'红桑（*A. wilkesiana* Müll. Arg. 'Java White'）：叶绿色，有白色和黄色斑；

'金边'红桑（*A. wilkesiana* Müll. Arg. 'Marginata'）：叶褐绿色，边缘红色或淡红色；

'狭叶'红桑（*A. wilkesiana* Müll. Arg. 'Monstroso'）：叶狭长，边缘红色。

'洒金'红桑

'洒金'红桑

'洒金'红桑

'金边'红桑

'狭叶'红桑

雪花木（白雪树、彩叶山漆茎）

【学名】*Breynia nivosa* (Bull ex W. G. Smith) Small

【科属】大戟科，黑面神属

【形态简要】常绿灌木，高0.5～1.2 m。枝条暗红色。叶互生，圆形或宽卵形，长2～2.5 cm，排成2列，小枝似羽状复叶；叶缘有白色或乳白色斑点，新叶色泽更加鲜明。花小，极不明显，红、橙、黄白等色。花期：7～12月。

【产地分布】原产于玻利维亚。中国华南地区有栽培。

【生长习性】喜高温多湿气候。喜光，耐半阴；耐寒性差。喜疏松肥沃、排水良好的砂质土壤。

【繁殖方法】扦插或高压繁殖。

【园林用途】为优良的观叶植物。宜孤植、群植，或作绿篱等点缀于林缘、护坡地、路边等，营造乳白色彩带；或植在工矿企业、小区、庭院、公园等地结合乔木配置。

变叶木（洒金榕）

【学名】*Codiaeum variegatum* (L.) Rumph. ex A. Juss.

【科属】大戟科，变叶木属

【形态简要】常绿灌木，高可达2 m。具乳汁。叶薄革质，形状大小差异很大，全缘、浅裂至深裂；绿色、淡绿色、紫红色、紫红色与黄色相间、黄色与绿色相间或有时在绿色叶片上散生黄色或金黄色斑点或斑纹。总状花序单生或2枚并生于上部叶腋，花小，单性，雌雄同株异序，黄绿色。花期：9～10月。

【产地分布】原产于马来半岛至大洋洲。现广泛栽培于热带地区。中国南部各地常见栽培。

【生长习性】喜高温多湿气候。喜光，全日照、半日照或稍荫蔽处均能生长；不耐严寒；耐贫瘠。喜富含有机质、保水力强的壤土。

【繁殖方法】扦插繁殖。

【园林用途】品种繁多，叶形、叶色多变，色彩鲜艳，姿态优美，是深受人们喜爱的观叶植物。华南地区多用于公园、绿地和庭园美化，其枝叶是插花理想的配叶材料。

紫锦木 （肖黄栌、红叶戟）

【学名】*Euphorbia cotinifolia* L.

【科属】大戟科，大戟属

【形态简要】常绿灌木，高2～3m。具乳汁，有毒，枝红色。叶互生，宽卵形或卵圆形，长5～6cm，两面均为暗红色。杯状聚伞花序顶生或腋生，细小，直径约5mm；花瓣状的总苞淡黄色。花期：春、夏、秋季。

【产地分布】原产于非洲热带。中国南方地区广为栽培。

【生长习性】喜温暖至高温湿润气候。喜光，耐半阴；耐瘠薄。对土壤要求不严，但以排水良好的砂壤土为佳。

【繁殖方法】播种或扦插繁殖。

【园林用途】华南优良的园林彩叶植物，叶色四季暗红色，淡黄色的杯状聚伞花序像星星般散落在红叶丛中，玲珑可爱。道路、公园、庭院、校园丛植、片植，增添色彩景观。但乳汁会引起皮肤过敏。

无刺麒麟（无刺铁海棠）

【学名】*Euphorbia geroldii* Rauh

【科属】大戟科，大戟属

【形态简要】常绿灌木，株高约60 m。新枝浅绿色，老枝褐色，表皮光滑。椭圆形革质互生叶片，深绿色叶面光滑，叶缘波浪状。花序自茎端的叶腋处伸出，橘红色苞片两枚，半圆形或心形，总苞直径2～3 cm；位于苞片中心的花朵黄色，花径约0.5 cm。花期：全年。

【产地分布】原产于马达加斯加东北部。中国华南地区有栽培。

【生长习性】喜高温少湿气候。喜光，耐阴，日照充足开花较多。宜排水良好的砂质壤土，或是混入粗砂的培养土。

【繁殖方法】扦插繁殖。

【园林用途】株形优美，叶色亮绿，花色鲜艳。宜盆栽或片植于花坛。

白雪木（白雪公主）

【学名】*Euphorbia leucocephala* Lotsy

【科属】大戟科，大戟属

【形态简要】常绿灌木，株高1～3 m。具白色乳汁。叶互生，披针状卵形，先端突尖，全缘。伞形花序；花白色，顶生，状似小型一品白。花期：秋至冬季。

【产地分布】原产于墨西哥。中国华南地区有栽培。

【生长习性】喜温暖湿润气候。喜光。土壤以富含有机质、肥沃和排水良好的砂壤土为佳。

【繁殖方法】扦插繁殖。

【园林用途】植株清雅，盛花如雪花披被，清香。宜用于公园、庭院、校园美化，营造冬季氛围。

149

铁海棠（虎刺梅、麒麟刺、麒麟花）

【学名】*Euphorbia milii* Ch. des Moul.

【科属】大戟科，大戟属

【形态简要】半蔓性灌木，株高1～2 m。茎多分枝，具纵棱，密生硬而尖的锥状刺，常呈3～5列排列于棱脊上，呈旋转状。叶互生，常密集着生于新枝顶端，倒卵形或长圆状匙形，长1.5～5cm，宽0.8～1.8cm，全缘。花序2、4或8个组成二歧状花序聚生，生于枝上部叶腋；总苞钟状，苞叶2枚，肾圆形，紧贴花序。蒴果三棱状卵形。花果期：全年。

【产地分布】原产于马达加斯加。中国南方各地广为栽培。

【生长习性】喜温暖、湿润气候。喜光，稍耐阴；耐高温，不耐寒，冬季温度较低时，有短期休眠现象；较耐旱。以疏松、排水良好的腐叶土为好。

【繁殖方法】扦插繁殖。

【园林用途】茎枝长满棘刺，形态奇特，杯状聚伞花序莹莹如豆，色彩艳丽。适合于庭园美化、片植、丛植、列植或作花坛均有良好的景观效果。

常见栽培应用的变种或品种有：

'大叶'铁海棠（ *E. milii* Ch. des Moulins 'Kesysii' ）：植株较矮，叶较大，长6～15 cm。

'黄苞'铁海棠（ *E. milii* Ch. des Moulins 'Lutea' ）：聚伞花序的总苞浅黄色。

'大叶'铁海棠

'黄苞'铁海棠

金刚纂（五楞金刚、霸王鞭）

【学名】*Euphorbia neriifolia* L.

【科属】大戟科，大戟属

【形态简要】常绿肉质灌木，高2～7m。植株多分枝，有短主干，分枝肉质，具5条波状的翅状棱，有白色乳汁。单叶互生，叶肉质，长4～5cm，倒卵形、卵状长圆形至匙形，着生于分枝上部的每条棱上，每对刺的位置长有一片，早落；托叶皮刺状，坚硬。聚伞花序腋生，花黄色；蒴果。花期：4～5月。

【产地分布】原产于印度。中国华南地区有栽培。

【生长习性】喜温暖湿润气候。喜强光，不耐阴；性强健。喜排水良好的砂质土壤。

【繁殖方法】扦插繁殖。

【园林用途】茎杆苍虬如老树状，古朴强健。适于公园、庭院种植，多作绿篱或盆栽观赏。

常见栽培应用的变种或品种有：

玉麒麟（*Euphorbia neriifolia* L. var. *cristata* Hook. f.）：茎扁平如扇或鸡冠，呈不规则弯曲卷皱，造型千变万化，酷似天然雕塑。其茎叶均具肉质，株形优雅，酷似传说中的麒麟，得名玉麒麟。

一品红（圣诞花、老来娇）

【学名】*Euphorbia pulcherrima* **Willd. ex Klotzsch**

【科属】大戟科，大戟属

【形态简要】常绿灌木，高1～4 m。根圆柱状，极多分枝，具乳汁。叶互生，卵状椭圆形至披针形，绿色，长6～25 cm，全缘或浅波状。花较小，具多枚披针形苞片，苞片有红、黄、白等色。蒴果三棱状圆形。花果期：10月至翌年4月。

【产地分布】原产于中美洲和墨西哥。世界热带、亚热带地区广为栽培，中国南北各地普遍栽培。

【生长习性】喜温暖湿润气候。喜光；生活力极强。喜排水良好的肥沃壤土。

【繁殖方法】扦插繁殖。

【园林用途】花色鲜艳，花期长，正值圣诞、元旦、春节开花，常布置于室内会议场所增加喜庆气氛；南方可露地栽培，美化庭园，也可作切花。

常见栽培应用的变种或品种有：

一品白（*E. pulcherrima* Willd. ex Klotzsch 'Albida'）：苞片白色，披针形。

一品粉（*E. pulcherrima* Willd. ex Klotzsch 'Rosea'）：苞片粉红色。

一品白

一品粉

红背桂（红背桂花、紫背桂）

【学名】*Excoecaria cochinchinensis* Lour.

【科属】大戟科，海漆属

【形态简要】常绿灌木，高1～2 m。叶对生，倒披针形或长圆形，长8～12 cm，叶面深绿色，叶背紫红色。花单性，雌雄异株，聚集成腋生或稀兼有顶生的总状花序，雄花序长1～2 cm，雌花序由3～5朵花组成，略短于雄花序；花初开时黄色，后渐变为淡白色。蒴果球形。花期：几乎全年。

【产地分布】原产于中国广东和广西。越南也有分布。中国南方各地广为栽培。

【生长习性】喜温暖至高温湿润气候。耐半阴，忌强光曝晒；不甚耐寒，冬季温度不宜低于5 ℃；耐干旱；耐瘠薄。土质以富含有机质、肥沃和排水良好的砂质壤土为好。

【繁殖方法】扦插繁殖。

【园林用途】枝叶飘飒，清新秀丽。南方用于庭园、公园、居住小区绿化。茂密的株丛，鲜艳的叶色，与建筑物或树丛构成自然、闲趣的景观。

常见栽培应用的变种或品种有：

'花叶'红背桂（*E. cochinchinensis* Lour. 'Variegata'）：多分枝丛生，叶对生，矩圆形或倒卵状矩圆形，叶表面具白色斑纹，叶背呈亮红色，是优良的观叶植物，极适合点缀庭园或盆栽。

'花叶'红背桂

'花叶'红背桂

绿玉树 （光棍树、神仙棒、龙骨树）

【学名】*Euphorbia tirucalli* L.

【科属】大戟科，大戟属

【形态简要】灌木或小乔木，高达2～9 m。叶细小互生，呈线形或退化为不明显的鳞片状，早落以减少水分蒸发，故常呈无叶状态。枝干圆柱状绿色，分枝对生或轮生。花序密集于枝顶，基部具柄；总苞陀螺状，直径约0.2 cm，内被柔毛，花冠5瓣，黄白色，花无花被；雄花数枚，伸出总苞之外，雌花具多个总苞，苞片细小。果实为蒴果。花期：6～9月；果期：7～11月。

【产地分布】原产于非洲东部。现广泛栽培于热带和亚热带地区。

【生长习性】喜温暖，在温暖气候下易于生根，处于南方温暖地带可露天栽种，北方需于温室栽种。喜光照；耐旱；耐盐；耐风。能于贫瘠土壤生长。

【繁殖方法】扦插繁殖。

【园林用途】具有观赏性。因能耐旱、耐盐和耐风，常用作海边防风林或美化树种。

棉叶麻疯树（棉叶膏桐、棉叶珊瑚花）

【学名】*Jatropha gossypifolia* L. var. *elegans* muell. Arg

【科属】大戟科，麻疯树属

【形态简要】落叶灌木，高0.5～1 m。叶密生于枝的上部，掌状深裂，叶背及新叶皆呈红色。聚伞花序顶生；花单性，雌雄同株，为顶生或腋生的二歧聚伞花序；花瓣红褐色。蒴果椭圆形，具6纵棱，绿色，光亮。花期：夏至秋季；果期：秋季。

【产地分布】原产于美洲热带。热带地区多有栽培，中国华南地区有栽培。

【生长习性】喜高温多湿气候。喜光，耐半阴；适应性强。不择土壤。

【繁殖方法】播种或扦插繁殖。

【园林用途】枝叶茂盛，叶色红绿相衬，花色鲜艳。适合庭园美化或作大型盆栽。

琴叶珊瑚（全缘叶珊瑚、卵叶珊瑚花、日日樱）

【学名】*Jatropha integerrima* Jacq.

【科属】大戟科，麻疯树属

【形态简要】常绿灌木，高1～2 m。叶互生，纸质，全缘，叶形多样，卵形、倒卵形、长圆形，长4～8 cm，宽2.5～4.5 cm，顶端急尖或渐尖，基部钝圆。聚伞花序顶生，红色，花单性，花瓣长椭圆形，具花盘。蒴果成熟时呈黑褐色。花期：几乎全年。

【产地分布】原产于西印度群岛。中国南方各地广为栽培。

【生长习性】喜高温高湿气候。喜光照充足，耐半阴；不耐寒，越冬要保持在5 ℃以上；耐干旱；耐瘠薄。喜生长于疏松肥沃富含有机质的酸性砂质土壤中。

【繁殖方法】扦插繁殖。

【园林用途】花小，花期长，艳丽动人，适合庭园美化或作大型盆栽，为常见庭园观赏花卉。

常见栽培应用的变种或品种有：

'粉红'琴叶珊瑚（*J. integerrima* Jacq. 'Rosea'）：花为粉红色。

'花叶'琴叶珊瑚（*J. integerrima* Jacq. 'Varigeata'）：叶面有黄白色斑纹，花红色。

'粉红'琴叶珊瑚

'粉红'琴叶珊瑚

'花叶'琴叶珊瑚

佛肚树（珊瑚油桐、独脚莲）

【学名】*Jatropha podagrica* Hook.

【科属】大戟科，麻疯树属

【形态简要】常绿小灌木，高0.3～1.5 m。茎直立，茎基部或下部通常膨大呈瓶状；枝条肉质，具散生突起皮孔，叶痕大且明显。叶盾状3～5裂，轮廓近圆形至阔椭圆形，长8～18 cm，宽6～16 cm，全缘或2～6浅裂，两面无毛。花序顶生，珊瑚状，鲜红色。花果期：几乎全年。

【产地分布】原产于中美洲或南美洲热带地区。中国南方各地有栽培。

【生长习性】喜高温干燥气候。宜向阳和排水良好的砂壤土。

【繁殖方法】播种或扦插繁殖。

【园林用途】株形奇特，几乎全年可开花，且栽培容易，是室内栽培的优良花卉，也适合于公园、风景区或庭院的路边、角落或墙边栽培观赏。

花叶木薯（斑叶木薯）

【学名】 *Manihot esculenta* **Crantz. 'Variegata'**

【科属】 大戟科，木薯属

【形态简要】 直立落叶灌木，高1～2 m。长块根，根部肉质。叶面绿色，叶掌状，3～7深裂，长10～20 cm，掌状深裂至全裂，裂片中央有不规则的黄色斑块。花序腋生，有花数朵，单性，黄绿色，无花瓣。蒴果椭圆形，长约1.5 cm。花期：夏季。

【产地分布】 栽培品种，原种产于非洲西部。中国南方各地有栽培。

【生长习性】 喜温暖气候。喜阳光充足，耐半阴；不耐寒，怕霜冻。喜排水良好砂壤土。

【繁殖方法】 扦插繁殖。

【园林用途】 叶色绚丽，是优良的观叶植物。亭阁、池畔、山石等处都可栽培观赏；盆栽可点缀阳台、窗台和小庭园；大型盆栽摆放宾馆、商厦、车站等公共场所。

红雀珊瑚（红雀掌）

【学名】*Pedilanthus tithymaloides* (L.) Poit.

【科属】大戟科，红雀珊瑚属

【形态简要】常绿肉质灌木，高1 m。茎绿色，常呈"之"字形弯曲生长，肉质，含白色有毒乳汁。叶互生，卵状披针形，革质，中脉突出在下面呈龙骨状。杯状聚伞花序，总苞片鲜红色，形似鸟嘴，聚生枝顶。花期：冬季至翌年春季。

【产地分布】原产于美洲热带。现热带、亚热带地区普遍栽培，中国南方各地有栽培。

【生长习性】喜高温干热气候。喜光。要求土壤疏松肥沃，排水良好。

【繁殖方法】播种或扦插繁殖。

【园林用途】茎枝和叶片有规律地弯曲，颇为奇特，总苞鲜红色，形似小鸟的头冠，美丽秀雅，可丛植或片植于庭院，也可盆栽置于室内书桌、几案和阳台等。

常见栽培应用的变种或品种有：

'花叶'红雀珊瑚 [*Pedilanthus tithymaloides* (L.) Poit. 'Variegatus']：叶片外缘带有红色，红白绿相间。

'花叶'红雀珊瑚

锡兰叶下珠（瘤腺叶下珠、锡兰桃金娘）

【学名】*Phyllanthus myrtifolius* (Wight) Muell. Arg

【科属】大戟科，叶下珠属

【形态简要】常绿匍匐灌木，高45～60 cm。嫩枝紫褐色，多分枝，枝条纤细柔软。单叶互生，成羽状排列；叶倒披针状线形，长1.2～1.6 cm，宽0.3 cm，细小。花雌雄同株，雄花2～4朵簇生于叶腋，花被6片，雌花花被片较狭。蒴果扁圆形。花期：4～6月；果期：7～11月。

【产地分布】原产于斯里兰卡。中国华南地区有栽培。

【生长习性】喜高温高湿气候。冬季温度在10℃以下停止生长，霜冻时不能安全越冬；生性强健，生长迅速。喜湿润排水良好的壤土。

【繁殖方法】播种或扦插繁殖。

【园林用途】树冠匍展如地毯，枝叶翠绿玲珑，是一种优良的地被植物。适于种植在公园、庭院溪涧的山石水景旁，作地被、低篱或庇荫潮湿环境的墙面绿化。

红叶蓖麻

【学名】*Ricinus communis* L. 'Sanguineus'

【科属】大戟科，蓖麻属

【形态简要】常绿灌木，株高2～5 m。多分枝，全株紫红色。叶片大，盾状分裂，原状着生，有紫、绿、铜、红色。果穗塔形，色鲜红，果实外皮披软刺，密生绒毛状，如鲜红的绣绒球。花期：5～7月；果期：8～11月。

【产地分布】栽培品种，原种产于热带非洲和印度。中国南北各地均有栽培。

【生长习性】喜高温湿润气候。喜光；耐干旱和贫瘠；抗大气污染，适应性甚强。不择土壤，栽培地须排水良好。

【繁殖方法】播种繁殖。

【园林用途】深秋如"万山红遍，层林尽染"，似夕阳霞照，十分壮观。适宜于庭园美化。

绣球花（八仙花、阴绣球）

【学名】*Hydrangea macrophylla* (Thunb.) Seringe

【科属】绣球花科，绣球属

【形态简要】灌木，高1～4 m。茎常于基部发出多根放射枝而形成一圆形灌丛。叶对生，纸质或近革质，倒卵形或阔椭圆形，长6～15 cm，宽4～11.5 cm，边缘有粗锯齿。伞房状聚伞花序近球形，直径8～20 cm；初开时白色或粉红色，后渐变为蓝色或紫红色。花期：6～8月。

【产地分布】原产于中国长江中下游及以南地区，朝鲜、日本也有分布。现中国各地常见栽培。

【生长习性】喜温暖湿润气候。喜半阴，忌阳光直射；不耐寒；不耐干旱。土壤以湿润、肥沃、富含有机质的壤土为宜。

【繁殖方法】扦插或分株繁殖。

【园林用途】花序宛如大绣球，鲜艳瑰丽，品种繁多，花色多样，是常见的盆栽观赏花木。适合于公园、庭院、校园绿地片植营造景观，也可列植作花境、花篱，或自然式种植，或盆栽置于室内和大型公共场所观赏。

常见栽培应用的变种或品种有：

'银边'八仙花 [*H. macrophylla*（Thunb.）Seringe var. *normalis* Wils. 'Variegata']：叶有不规则乳白色边缘，花序不显球状，中心为两性花，边缘为不育花；不育花花梗细长而下垂。

'银边'八仙花

棣棠花（棣棠、地棠、黄度梅、黄榆梅）

【学名】*Kerria japonica* (L.) DC.

【科属】蔷薇科，棣棠花属

【形态简要】落叶灌木，高1～2 m。叶互生，三角状卵形或卵圆形，边缘有尖锐重锯齿。花单生于侧枝顶端，花黄色，顶端下凹。瘦果倒卵形至半球形，褐色或黑褐色，有皱褶。花期：4～6月；果期：6～8月。

【产地分布】原产于中国长江以南各地区，日本也有分布。中国南北各地普遍栽培。

【生长习性】喜温暖湿润气候。喜光，耐半阴；较耐寒。对土壤要求不严，以肥沃、疏松的砂壤土生长最好。

【繁殖方法】分株、扦插或播种繁殖。

【园林用途】枝柔软下垂，满树花朵。宜作花篱、花境，群植于常绿树丛之前，古木之旁、山石缝隙之中或池畔、水边、溪流及湖沼沿岸，也可配植于疏林草地或山坡林下。

常见栽培应用的变种或品种有：

重瓣棣棠花 [*Kerria japonica*（L.）DC. f. *pleniflora*（Witte）Rehd.]：花重瓣，叶边呈黄色或白色。

重瓣棣棠花

重瓣棣棠花

165

重瓣棣棠花

重瓣棣棠花

红叶石楠（费氏石楠）

【学名】*Photinia* × *fraseri* **Dress**

【科属】蔷薇科，石楠属

【形态简要】常绿灌木或小乔木，高1～3 m，可达12 m，是石楠属杂交种。株形紧凑。叶革质；单叶轮生，长椭圆至侧卵状椭圆形；有锯齿，新梢及新叶鲜红色。顶生伞房圆锥花序，长10～18 cm。浆果红色。花期：5～7月；果期：10月。

【产地分布】园艺栽培杂交种。中国华南、华东、中南及西南地区有栽培。

【生长习性】喜温暖气候。喜光，耐半阴；较耐寒；耐干旱瘠薄，不耐水湿。以质地疏松、肥沃、微酸性至中性砂壤土为佳。

【繁殖方法】扦插繁殖。

【园林用途】嫩叶红色，在园林中有广泛的应用。可用于庭院、公园、公共绿地、道路中间绿化带；亦可片植作地被，或与其他彩叶植物组合成各种图案；亦可制作成大型绿篱或幕墙。

'紫叶'风箱果

【学名】*Physocarpus opulifolius* (L.) Maxim. 'Summer Wine'

【科属】蔷薇科，风箱果属

【形态简要】落叶灌木，株高1～3 m。叶片三角状卵形，具浅裂，缘有复锯齿；生长期紫红色，落前暗红色。顶生伞形总状花序；每个花序有20～60朵小花；花白色。果实膨大呈卵形，果外表光滑。花期：6～8月；果期：8～10月。

【产地分布】栽培品种，原种产于北美。中国各地均有栽培。

【生长习性】喜温暖湿润气候。喜光，也耐阴，在光照充足的情况下枝叶紫红色，弱光荫蔽环境下叶片呈紫绿色；可耐-40 ℃低温，抵御寒风的能力强；耐瘠薄；生长速度快。对土壤要求不严，宜肥沃、疏松、排水良好的土质。

【繁殖方法】扦插繁殖。

【园林用途】枝叶紫红色，花期长，果实鲜红、冠形丰满，叶、花、果均有观赏价值。适合庭院观赏，可作路篱、镶嵌材料和带状花坛背衬，也可修剪成球形等，点缀于绿地。

紫叶李（红叶李、樱桃李）

【学名】*Prunus cerasifera* Ehrh. f. *atropurpurea* (Jacq.) Rehd.

【科属】蔷薇科，李属

【形态简要】落叶灌木或小乔木，高可达8 m。叶片椭圆形、卵形或倒卵形，极稀椭圆状披针形，长3～6 cm，宽2～4 cm，边缘有圆钝锯齿，中脉和侧脉均突起。花1朵，稀2朵；花直径2～2.5 cm；花瓣白色，长圆形或匙形，边缘波状。核果近球形或椭圆形，直径2～3 cm；黄色、红色或黑色；核椭圆形或卵球形。花期：3～4月；果期：8月。

【产地分布】原产于中国新疆。华北及其以南地区园林常见栽培。

【生长习性】喜温暖气候。喜光，在荫蔽环境下叶色不鲜艳；较耐寒；具有一定的抗旱能力，较耐湿。对土壤适应性强，以砂砾土为好，黏质土亦能生长。

【繁殖方法】扦插繁殖。

【园林用途】叶常年紫红色，著名观叶树种。孤植群植皆宜，能衬托背景，宜于建筑物前及园路旁或草坪角隅处栽植。

火棘（火把果、救兵粮）

【学名】*Pyracantha fortuneana* (Maxim.) Li

【科属】蔷薇科，火棘属

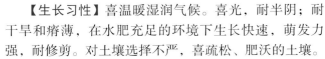

【形态简要】常绿灌木，高2～3 m。侧枝短，先端成刺状。单叶互生，革质，长椭圆形，长1.5～6 cm，宽0.5～2 cm，先端圆钝或微凹；叶柄很短。花排列为复伞房花序；花白色，直径约1 cm；花瓣近圆形。果实近球形，直径约5 mm，橘红色或深红色。花期：3～5月；果期：8～11月。

【产地分布】原产于中国华东、华中至西南地区。亚热带与温带地区多有栽培。

【生长习性】喜温暖湿润气候。喜光，耐半阴；耐干旱和瘠薄，在水肥充足的环境下生长快速，萌发力强，耐修剪。对土壤选择不严，喜疏松、肥沃的土壤。

【繁殖方法】播种繁殖。

【园林用途】枝叶茂盛，春季繁花洁白，秋后红果累累，为优良的观花观果植物。园林中宜丛植、孤植草地边缘，也适作盆栽观赏。

石斑木（春花、车轮梅）

【学名】*Raphiolepis indica* (L.) Lindl.

【科属】蔷薇科，石斑木属

【形态简要】常绿小灌木，高1～4 m。叶革质，卵形至矩圆形或披针形，长4～7 cm，宽1.5～3 cm；边缘具小锯齿。伞房花序或圆锥花序；花瓣约与萼片等长；花白色略带粉红，顶生。果球形，紫黑色，径约6 mm。花期：3～5月；果期：7～8月。

【产地分布】原产于中国华东、华南至西南地区，中南半岛也有分布。中国华南地区有栽培。

【生长习性】喜温暖湿润气候。喜光，也较耐阴。对土壤条件要求不严，宜肥沃、湿润和疏松深厚的酸性至微酸性土壤。

【繁殖方法】播种繁殖。

【园林用途】株形优美，枝叶繁茂，春天开放，花朵白里透红，惹人喜爱。可用于草坪、墙垣、园路两旁点缀。

现代月季

【学名】*Rosa* cvs.

【科属】蔷薇科，蔷薇属

【形态简要】常绿或落叶有刺灌木，或呈蔓状与攀缘状。茎具钩刺或无刺。小叶3～5，奇数羽状复叶；宽卵形或卵状长圆形，长2.5～6 cm；叶缘有锯齿。花色甚多，有红、粉、黄、白等单色，还有混色、镶边等品种；单瓣或重瓣，多数品种有芳香。果卵球形或梨形，长1～2 cm。花期：4～10月；果期：6～11月。

【产地分布】栽培品种，现世界各地广为栽培，中国各地常见栽培。

【生长习性】喜温暖、空气流通的环境。喜光照充足，但强光直射不利花蕾发育；不耐高温，耐寒。对土壤要求不严，宜疏松、肥沃、富含有机质、微酸性、排水良好的壤土。

【繁殖方法】扦插、压条、嫁接、分株或组培繁殖。

【园林用途】花容秀美，姿色多样，四时常开，深受人们的喜爱。可于道路、公园、庭院、校园等片植、群植观赏，也可制作月季盆景，作切花等。

金樱子（山石榴、山鸡头子、糖罐子）

【学名】*Rosa laevigata* Michx.

【科属】蔷薇科，蔷薇属

【形态简要】常绿攀缘灌木，高可达5 m。小枝粗壮，散生扁弯皮刺，无毛，幼时被腺毛，老时逐渐脱落减少。小叶革质，椭圆状卵形、倒卵形或披针状卵形，长2～6 cm，宽1～3.5 cm，边缘有锐锯齿。花单生于叶腋，花瓣白色；果梨形、倒卵形，稀近球形，紫褐色，外面密被刺毛。花期：4～6月；果期：7～11月。

【产地分布】原产于中国华中、华南、西南地区。

【生长习性】喜温暖、干燥的环境。喜光照充足。以疏松、肥沃、排水良好的砂质壤土为宜。

【繁殖方法】播种或扦插繁殖。

【园林用途】花、果具一定观赏价值，果具有药用价值。

七姊妹（十姊妹）

【学名】 *Rosa multiflora* Thunb. var. *carnea* Thory

【科属】 蔷薇科，蔷薇属

【形态简要】 攀缘灌木。小枝圆柱形，通常无毛，有短、粗稍弯曲皮刺。叶互生，奇数羽状复叶；小叶片倒卵形、长圆形或卵形，长1.5～5cm，宽8～28mm；托叶篦齿状，大部贴生于叶柄，边缘有或无腺毛。花多朵，排成圆锥状花序，花梗长1.5～2.5cm；花直径1.5～2cm，萼片披针形，有时中部具2个线形裂片；花重瓣，粉红色；花柱结合成束，无毛，比雄蕊稍长。果近球形，直径6～8mm，红褐色或紫褐色。花期：5～6月；果期：9～10月。

【产地分布】 原产于中国华中地区。中国华南等地区有栽培。

【生长习性】 喜阳光；耐寒；耐旱，耐水湿。对土壤要求不严。

【繁殖方法】 播种、扦插或分根繁殖。

【园林用途】 在庭院造景时可布置成花柱、花架、花廊、墙垣等造型，也是优良的垂直绿化材料，还能植于山坡、堤岸作水土保持用。

麻叶绣线菊

【学名】*Spiraea cantoniensis* Lour.

【科属】蔷薇科，绣线菊属

【形态简要】灌木，高达1.5 m。小枝细瘦，圆柱形，呈拱形弯曲，幼时暗红褐色，无毛；冬芽小，卵形，先端尖，无毛，有数枚外露鳞片。叶片菱状披针形至菱状长圆形，上面深绿色，下面灰蓝色，两面无毛，有羽状叶脉；花瓣近圆形或倒卵形，先端微凹或圆钝，长与宽各2.5～4 mm，白色。蓇葖果直立开张，无毛，花柱顶生。花期：4～5月；果期：7～9月。

【产地分布】原产于中国广东、广西、福建、浙江、江西，日本也有分布。在中国河北、河南、山东、陕西、安徽、江苏、四川均有栽培。

【生长习性】性喜阳光充足的环境。稍耐寒，冬季能耐-5 ℃低温；较耐干旱，忌湿涝；分蘖力强。土壤以肥沃、疏松和排水良好的砂壤土为宜。

【繁殖方法】播种或扦插繁殖。

【园林用途】花序密集，花色洁白，早春盛开如积雪，甚美丽，适合庭园栽培观赏。

蜡梅（腊梅、黄梅花、蜡梅花、香梅）

【学名】*Chimonanthus praecox* (L.) Link

【科属】蜡梅科，蜡梅属

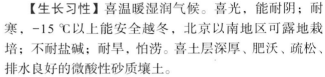

【形态简要】落叶灌木，高达 3 m。幼枝四方形，芽具多数覆瓦状的鳞片。叶对生，近革质，椭圆状卵形至卵状披针形。花着生于第二年生枝条叶腋内，先花后叶，芳香；外部花被片卵状椭圆形，黄色，内部的较短，有紫色条纹。果托近木质化，坛状或倒卵状椭圆形。花期：11 月至翌年 3 月；果期：4～11 月。

【产地分布】原产于中国中部至南部地区。中国中部和南部各地广为栽培，日本、朝鲜和欧洲、美洲也有栽培。

【生长习性】喜温暖湿润气候。喜光，能耐阴；耐寒，-15 ℃以上能安全越冬，北京以南地区可露地栽培；不耐盐碱；耐旱，怕涝。喜土层深厚、肥沃、疏松、排水良好的微酸性砂质壤土。

【繁殖方法】嫁接、分株、播种、扦插或压条繁殖。

【园林用途】花黄似蜡，开于霜雪寒天，浓香扑鼻，是冬季观赏主要花木。宜庭院栽植，又适作古桩盆景、插花与造型艺术。

珍珠相思树（银叶金合欢）

【学名】 *Acacia podalyriifolia* A. Cunn. ex G. Don.

【科属】 含羞草科，金合欢属

【形态简要】 常绿大灌木或小乔木，高可达 4.5 m。二回羽状复叶，小叶脱落后，变成叶状柄，圆形，银色。花密集，金黄色，芳香，簇生。果实为荚果，内含一排坚硬的种子。花期：2～3月；果期：5～6月。

【产地分布】 原产于澳大利亚昆士兰南部。中国华南地区有栽培。

【生长习性】 喜温暖干燥的气候。喜光，不耐阴；能耐-7℃低温；耐贫瘠；耐旱。喜排水良好的土壤。

【繁殖方法】 播种繁殖。

【园林用途】 树形美观俊挺，叶银绿色，初春盛花时，金光灿烂。宜在公园、庭院、道路等种植作观花树，也可作防护林。

密花相思（丹尼相思）

【学名】*Acacia pycnantha* Benth.

【科属】含羞草科，金合欢属

【形态简要】常绿灌木至小乔木，株高3～8 m。枝条下垂，树皮平滑，灰白色。叶状柄镰状长圆形，长9～15 cm，宽1～3.5 cm，两端渐狭。球状花序簇生于叶腋，金黄色，大量，芳香；果荚狭长。花期：冬末至春季。

【产地分布】原产于澳大利亚东南部地区。中国华南地区有引种栽培。

【生长习性】喜高温。喜光；喜干旱气候环境；速生。宜砂质土壤。

【繁殖方法】播种繁殖。

【园林用途】树枝低垂，盛花时节满树金黄的绒球，芳香，极富观赏价值，抗污染能力强，可用于荒坡绿化；或种植于庭院、厂矿作观花树、屏障树或行道树。

小叶相思（金鼎相思）

【学名】*Acacia conferta* A. Cunn. ex Benth.

【科属】含羞草科，金合欢属

【形态简要】常绿灌木，高1～2 m。树形直立或开展，树皮灰褐色，小枝曲折，密被贴伏毛，皮孔显著。叶状柄轮生或聚生，狭椭圆形至倒披针形，长0.4～1.3 cm，宽1～2 mm；叶缘平直或稍反卷，密被银灰色贴伏毛，叶先端渐尖成尾状。头状花序单生于叶腋，有小花22～38朵；花亮黄色。荚果长扁平形。花期：3～4月。

【产地分布】原产于澳大利亚。中国广东、福建有栽培。

【生长习性】喜高温半干旱气候。喜阳，不耐阴；稍耐寒；耐旱；生长势中等，较易衰老退化。喜干旱半风化的土壤。

【繁殖方法】播种繁殖。

【园林用途】树姿优雅，春季开花金黄灿烂，耀眼夺目。适于公园、庭院中贫瘠的半风化土壤种植作观花灌木。

香水合欢（细叶粉扑花、艳红合欢）

【学名】*Calliandra brevipes* Benth.

【科属】含羞草科，朱樱花属

【形态简要】常绿灌木，高1～2 m。二回羽状复叶，呈两列排于总叶柄两侧，小叶10～30对，线状刀形，先端急尖。头状花序圆球形，单生或2～3个生于叶腋，具长总花梗；花冠钟状，花丝基部合生，下端雪白，上端为粉红色，雄蕊多数。荚果呈扁平线形。花期：3～4月或11～12月，其他季节偶见开花；果期：9～11月。

【产地分布】原产于巴西东南部、乌拉圭至阿根廷北部。中国广东、香港、福建、台湾等地有栽培。

【生长习性】喜高温湿润气候。喜阳，稍耐阴；稍耐寒；耐旱。喜疏松排水良好的微酸性土壤。

【繁殖方法】扦插繁殖。

【园林用途】株形紧凑丰满，叶形独特美观，盛花时节，粉红色花如天空中灿灿繁星。适于在公园、庭园作花灌木或绿篱种植。

红粉扑花（四叶红合欢）

【学名】*Calliandra tergemina* var. *emarginata* (Willd.) Barneby

【科属】含羞草科，朱樱花属

【形态简要】半常绿灌木，高达3 m。多分枝密集生长。二回羽状复叶，仅有1对羽片；小叶各3片，歪椭圆形或倒卵形，先端钝或微凹。头状花序腋生，有花20余朵，花瓣小而不显著，雄蕊红色，基部合生处为白色，花丝细长，聚合成半球状，如化妆用的粉扑。荚果扁平，坚硬，成熟时褐色。花期：5～10月；果期：10～11月，广州地区结实率低。

【产地分布】原产于墨西哥至危地马拉。中国华南地区有栽培。

【生长习性】喜高温湿润气候。喜阳，稍耐阴；不耐寒，广州地区冬季嫩梢受轻微寒害。喜疏松肥沃、排水良好的微酸性土壤。

【繁殖方法】扦插繁殖。

【园林用途】株形紧凑丰满，叶形独特美观，花柔美可爱，花期长，盛花时节，瞬间绽放满树红花，极其醒目。宜在公园、庭园种植作花灌木。

朱缨花（红绒球、美蕊花）

【学名】*Calliandra haematocephala* Hassk.

【科属】含羞草科，朱樱花属

【形态简要】灌木或小乔木，高可达3 m。枝条扩展。二回羽状复叶，羽片小叶7～9对，斜披针形，长2～4 cm，宽7～15 mm。头状花序腋生，有花25～40朵，深红色，聚成一个可爱的绒球。荚果线状倒披针形，成熟时暗棕色。花期：全年；果期：10～11月。

【产地分布】原产于南美洲。现热带、亚热带地区常有栽培，中国华南地区常见栽培。

【生长习性】喜温暖至高温多湿气候。喜光，较耐阴；不耐寒。喜土层深厚，排水良好土壤。

【繁殖方法】扦插繁殖。

【园林用途】树冠广展，枝叶翠绿可爱，朵朵花球宛如化妆用的粉扑，挂在树间，美丽照人，热烈奔放。宜在道路、广场、公园内孤植、丛植作花灌木，也可作绿篱。

苏里南朱樱花

【学名】*Calliandra surinamensis* Benth.

【科属】含羞草科，朱樱花属

【形态简要】半落叶灌木，高1～3 m。分枝多。二回羽状复叶，羽片6～9对，每一羽片有多数密生的小叶；小叶长椭圆形，长约1 cm。头状花序多数，复排成圆锥状，含有许多小花；花冠黄绿色，花丝长为花冠的5～6倍，上部粉红色，下部白色。花期：全年。

【产地分布】原产于苏里南岛。世界热带地区广为栽培。中国华南地区有栽培。

【生长习性】喜温暖湿润气候。喜光，耐半阴。对土质要求不严，但以湿润且排水良好、富含有机质的壤土最佳。

【繁殖方法】扦插繁殖。

【园林用途】花姿奇特，色彩娇艳，观赏价值较高。宜植于公园、假山旁或水边，丛植作障景或三五成群丛植于宽阔的草坪，也可矮化作盆花观赏。

斑叶牛蹄豆（五彩金龟树）

【学名】*Pithecellobium dulce* (Roxb.) Benth. 'Variegatum'

【科属】含羞草科，牛蹄豆属

【形态简要】常绿灌木，高1～4 m。小枝有由托叶变成的针状刺。羽片1对，每一羽片只有小叶1对，小叶坚纸质，长倒卵形或椭圆形，粉红色或白色。头状花序小，于叶腋或枝顶排列成狭圆锥花序状；花冠白色或淡黄色，密被长柔毛。荚果线形，暗红色。花期：3月；果期：7月。

【产地分布】本种为牛蹄豆的栽培品种，原种产于中美洲。中国华南地区有栽培。

【生长习性】喜高温干旱环境。喜光；耐寒性弱，生长温度宜在5℃以上，耐热；耐碱；耐干旱贫瘠；抗风和抗污染。宜以疏松壤土或砂质壤土为佳。

【繁殖方法】扦插或嫁接繁殖。

【园林用途】树冠圆形，新叶为粉红色或者白色，成熟叶子为白绿相间的混合色，开花时有特殊的香气，是一种优良的彩叶植物。可用于道路、公园、庭院校园美化，也可作盆景栽培。

嘉氏羊蹄甲（南非羊蹄甲、橙花羊蹄甲）

【学名】*Bauhinia galpinii* N. E. Br.

【科属】苏木科，羊蹄甲属

【形态简要】半落叶蔓性灌木，高可达3 m。枝条匍匐伸展，冠幅常大于高度。叶互生，革质，扁圆形或阔心形，先端2裂，长2～5 cm，宽4～8 cm，背面颜色较浅。伞房或短总状花序顶生或腋生于枝梢末端，花冠5瓣，浅红色至砖红色。荚果扁平，长6～11 cm，初为绿色，成熟时褐色，且木质化，常宿存。花期：5～10月；果期：7～11月。

【产地分布】原产于南非。中国华南地区有栽培。

【生长习性】性喜高温湿润的环境。喜阳，稍耐阴；不耐寒；耐干旱贫瘠。喜肥沃排水良好的砂壤土。

【繁殖方法】播种或扦插繁殖。

【园林用途】树形低矮，枝条细软，向四周匍匐伸展，花姿花色美妍悦目，花期甚长，是华南地区优良的园林灌木。宜种植于庭院作花灌木，也可作篱墙和边坡绿化。

橙羊蹄甲藤（素心花藤）

【学名】*Bauhinia kockiana* **Korth.**

【科属】苏木科，羊蹄甲属

【形态简要】常绿藤状灌木。单叶互生，叶长卵形或长椭圆形，全缘，叶片2裂状，托叶大型明显，叶基3出脉。短总状或伞房花序顶生，花橙红色、桃红色或黄色等；花瓣5，圆形至卵形花瓣，花瓣两端圆形，瓣缘波皱状，具有明显的瓣柄。花期：春至夏季。

【产地分布】原产于苏门答腊岛。中国南部地区有栽培。

【生长习性】喜高温多湿环境。喜光；不耐霜害，生长适温23～32℃，广州露地无法安全越冬。喜土层深厚、肥沃、排水良好的偏酸性砂质壤土。

【繁殖方法】播种或扦插繁殖。

【园林用途】藤蔓上橙红色、桃红色或黄色等花色各异，花团锦簇，争奇斗艳，是一种优良的热带藤本植物。可用于公园、庭院、校园及天桥、拱门、花架、花廊美化。

黄花羊蹄甲

【学名】*Bauhinia tomentosa* L.

【科属】苏木科，羊蹄甲属

【形态简要】常绿或落叶灌木，高可达4 m。单叶互生，纸质，近心形，直径3～7 cm，先端2裂。花通常2朵、有时1～3朵组成侧生的花序；花萼筒短，漏斗形，萼片先端3裂；花呈钟形，下垂，花瓣淡黄色，后变为紫色。荚果带形，扁平，长7～15 cm，宽1～1.5 cm；播种近圆形，极扁平、褐色，直径6～8 mm。花期：5～10月；果期：7～11月。

【产地分布】原产于印度。中国广东、福建有栽培。

【生长习性】性喜高温湿润气候。强阳性，稍耐阴；耐寒；耐干旱贫瘠。喜肥沃排水良好的砂壤土。

【繁殖方法】扦插繁殖。

【园林用途】树姿儒雅，花如悬铃，垂挂于枝条上，随风摇曳，别有风情。宜种植于公园、庭院、校园作花灌木观赏。

金凤花（洋金凤、蛱蝶花）

【学名】*Caesalpinia pulcherrima* (L.) Sw.

【科属】苏木科，云实属

【形态简要】常绿灌木，高可达3m。二回羽状复叶4～8对，对生，长12～26cm；小叶7～11对，长圆形或倒卵形；长1～2cm，宽4～8mm。总状花序顶生或腋生，长达25cm；花瓣橙红色或粉红色，圆形，长1～2.5cm，花丝红色、黄色，远长于花瓣外，长5～6cm。荚果狭而薄，倒披针状长圆形，长6～10cm，宽1.5～2cm，成熟时黑褐色；播种6～9颗。花果期：几乎全年。

【产地分布】原产于西印度群岛。中国华南地区常见栽培。

【生长习性】喜高温湿润气候。强阳性，稍耐阴；耐热不耐寒，广州地区冬季嫩梢受轻微寒害；忌湿。适生于疏松肥沃的微酸土壤中。

【繁殖方法】播种或扦插繁殖。

【园林用途】植丛半球形，花朵宛如彩蝶，活灵活现，令人叹为观止。宜在公园、庭院种植作花灌木。

常见栽培应用的变种或品种有：

‘黄花’金凤花 [*C. pulcherrima* (L.) Sw. ‘Flava’]：花黄色。

‘黄花’金凤花

翅荚决明（美国决明、有翅决明）

【学名】*Cassia alata* L.

【科属】苏木科，决明属

【形态简要】常绿灌木，高可达3 m。枝粗壮，绿色。羽状复叶，叶长30～60 cm；靠腹面的叶柄和叶轴上有二条纵棱条，有狭翅，托叶三角形；小叶6～12对，薄革质，倒卵状长圆形或长圆形，长8～15 cm，宽3.5～7.5 cm。总状花序顶生或腋生，单生或分枝，长10～50 cm；花直径约2.5 cm；花瓣黄色，有明显的紫色脉纹。荚果长带状，长10～20 cm，宽1～1.5 cm。花期：11月至翌年1月；果期：12至翌年2月。

【产地分布】原产于美洲热带地区。现广布于世界热带地区。中国华南地区常见栽培。

【生长习性】喜温暖湿润气候。喜全阳，不耐阴；耐热，不耐霜冻。喜排水良好的湿润土壤。

【繁殖方法】播种繁殖。

【园林用途】树姿雅致，花序金黄硕大，冬日金黄之花，给人以愉悦、亮丽之美。宜用于庭院、公园的林缘、路旁、湖缘丛植、片植美化。

双荚决明（双荚槐、腊肠仔树）

【学名】*Cassia bicapsularis* L.

【科属】苏木科，决明属

【形态简要】半落叶灌木，高可达3 m。二回羽状复叶，叶长7～12 cm，有小叶3～4对，小叶倒卵形或倒卵状长圆形，膜质，长2.5～3.5 cm，宽约1.5 cm，顶端圆钝，基部渐狭。总状花序腋生，常集成伞房花序状，花金黄色，直径约2 cm。荚果圆柱状，长13～17 cm，直径1.6 cm；种子二列。花期：10～11月；果期：11月至翌年3月，广州地区可结果。

【产地分布】原产于美洲热带地区。现广泛栽培于全世界热带地区。中国华南地区常见栽培。

【生长习性】喜温暖湿润气候。强阳性，稍耐阴；稍耐寒，能耐-5 ℃以上低温；耐酸碱；耐干旱瘠薄；抗风，抗虫害，防尘，防烟雾。宜肥力中等的微酸性或砖红壤的土壤。

【繁殖方法】播种或扦插繁殖。

【园林用途】株形飘逸，金秋时节，满树绽放金黄色的花，灿烂夺目。宜在道路、公园、庭园种植作花灌木，还可作绿篱、边坡绿化等。

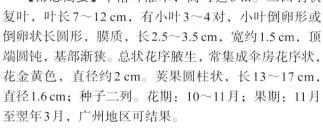

紫荆（裸枝树、紫珠）

【学名】*Cercis chinensis* Bunge

【科属】苏木科，紫荆属

【形态简要】丛生或单生灌木，高2～5 m。树皮和小枝灰白色。叶纸质，近圆形或三角状圆形，长5～10 cm，先端急尖，基部浅至深心形，两面通常无毛。花紫红色或粉红色，2～10余朵成束，簇生于老枝和主干上，尤以主干上花束较多，通常先于叶开放，但嫩枝或幼株上的花则与叶同时开放；龙骨瓣基部具深紫色斑纹。荚果扁狭长形。花期：3～4月；果期：8～10月。

【产地分布】原产于中国东南部。中国北至河北，南至广东、广西，西至云南、四川，西北至陕西，东至浙江、江苏和山东等地区常见栽培。

【生长习性】喜温暖冷凉的湿润气候。喜阳，稍耐阴；耐寒；耐修剪，生长强健，萌蘖性强。喜肥沃、排水良好的土壤，耐石灰性土质。

【繁殖方法】播种或扦插繁殖。

【园林用途】枝繁叶茂，花多色艳，姹紫嫣红，是一种优良的木本花卉。适于公园、庭院、街道美化；也可种植于石灰岩地区。

龙牙花（象牙红、珊瑚树、珊瑚刺桐）

【学名】*Erythrina corallodendron* L.

【科属】蝶形花科，刺桐属

【形态简要】落叶灌木或小乔木，高3～5 m。干和枝条散生皮刺。羽状复叶具3小叶；小叶菱状卵形，长4～10 cm，宽2.5～7 cm，先端渐尖而钝或尾状，基部宽楔形，两面无毛。总状花序腋生，长可达30 cm以上；花深红色，具短梗，狭而近闭合；花萼钟状；旗瓣长椭圆形，长约4.2 cm，先端微缺，略具瓣柄至近无柄，翼瓣短，长1.4 cm，龙骨瓣长2.2 cm。荚果圆柱形。花期：6～11月。

【产地分布】原产于美洲热带。中国华南地区有栽培，贵阳、桂林、浙江等地也有栽培。

【生长习性】喜高温多湿气候。喜阳，不耐阴；较耐寒；耐旱。喜排水良好、肥沃的砂壤土。

【繁殖方法】扦插繁殖。

【园林用途】花色红艳夺目，远看犹如一支支红色的象牙突出于绿叶丛中。适于在公园、庭院种植作观花树。

美丽胡枝子（毛胡枝子）

【学名】*Lespedeza thunbergii* subsp. *formosa* (Vogel) H. Ohashi

【科属】蝶形花科，胡枝子属

【形态简要】落叶灌木，高可达2 m。多分枝，枝伸展。小叶椭圆形，两端稍尖或稍钝，长2.5～6 cm，宽1～3 cm。总状花序单一，腋生；花萼钟状，长5～7 mm，5深裂；花冠红紫色，长10～15 mm。荚果倒卵形或倒卵状长圆形，长8 mm，宽4 mm。花期：7～9月；果期：9～10月。

【产地分布】原产于中国黄河流域以南各地区。朝鲜、日本、印度也有分布。中国华南地区有栽培。

【生长习性】喜温暖湿润气候。喜光，较耐阴；耐高温，耐寒；耐干旱与贫瘠，忌积水。以有机质含量高，排水良好的土壤为佳。

【繁殖方法】播种或扦插繁殖。

【园林用途】植株枝多叶茂，花色艳丽，是一种优良的地被观赏植物。适宜在公园、庭院片植或丛植作观花灌木；也是荒山绿化、水土保持和改良土壤的先锋树种，可作为岩石边坡、矿渣废弃地的护坡植被种植；也是良好的蜜源植物。

193

蚊母树

【学名】*Distylium racemosum* Siebold et Zucc.

【科属】金缕梅科，蚊母树属

【形态简要】常绿灌木或乔木，常做灌木状栽培。小枝和芽有盾状鳞片。叶厚革质，椭圆形或倒卵形，长3～7 cm，宽1.5～4 cm，全缘，侧脉5～6对，在背面略隆起，叶边缘和叶面常有虫瘿。总状花序，花红色；蒴果卵圆形。花期：3～4月；果期：8～10月。

【产地分布】原产于中国广东、福建、台湾等地。多分布于亚热带地区。

【生长习性】喜温暖湿润气候。喜光，稍耐阴；不耐高温；萌芽力和发枝力强，耐修剪。对土壤要求不严，以肥沃、湿润、排水良好的微酸性土壤为佳。

【繁殖方法】播种或扦插繁殖。

【园林用途】树形整齐，枝叶密集，叶色浓绿；春季开细小红花十分美丽。园林绿地中丛植、片植；或作分隔空间树种；也可用于矿区绿化。

红花檵木（红檵木、红桎木）

【学名】*Loropetalum chinense* Oliver var. *rubrum* Yieh

【科属】金缕梅科，檵木属

【形态简要】常绿灌木，高0.5～2 m。多分枝，嫩枝红褐色。叶互生，革质，卵圆形，长2～5 cm，宽1.5～2.5 cm，先端短尖，基部圆而偏斜，不对称，两面均有星状毛，全缘，暗红色。花3～8朵簇生，有短花梗，紫红色，花瓣4片，带状。蒴果卵圆形。花期：4～5月；果期：9～10月。

【产地分布】原产于中国湖南。中国中部、南部、西南各地常见栽培。

【生长习性】喜温暖环境。喜光，稍耐阴；耐寒；耐旱；萌芽力和发枝力强，耐修剪，适应性强。对土壤要求不严，但在肥沃、湿润的微酸性土壤中生长较佳。

【繁殖方法】播种、扦插或嫁接繁殖。

【园林用途】枝繁叶茂，姿态优美；花开时节，满树红花，极为壮观。园林绿地丛植、片植观赏；耐修剪，耐蟠扎，可用于绿篱；也可用于制作树桩盆景。

雀舌黄杨（细叶黄杨）

【学名】*Buxus bodinieri* Levl.

【科属】黄杨科，黄杨属

【形态简要】常绿灌木，高3～4 m。枝圆柱形；小枝四棱形。叶薄革质，匙形、狭卵形或倒卵形，长2～4 cm，宽8～18 mm，先端圆或钝，往往有浅凹口或小尖凸头，基部狭长楔形。花序腋生，头状，花密集。蒴果卵形，宿存花柱直立。花期：2月，果期：5～8月。

【产地分布】原产于中国广东、广西、湖南、江西、福建、湖北、云南、贵州、陕西等地区。中国中部、南部、西南部各地有栽培。

【生长习性】喜温暖湿润气候。喜光，耐半阴；较耐寒；耐干旱。宜疏松肥沃和排水良好的砂壤土。

【繁殖方法】扦插或压条繁殖。

【园林用途】枝叶繁茂，叶形别致，四季常青，常用于绿篱、花坛和盆栽，修剪成各种形状，是点缀庭院和入口处的好材料。

匙叶黄杨

【学名】*Buxus harlandii* Hance

【科属】黄杨科，黄杨属

【形态简要】常绿小灌木，高0.5～1 m。分枝多而密集成丛。叶对生，薄革质，匙形、稀狭长圆形，长2～4 cm，宽5～10 mm，顶端圆或微缺，基部狭楔形，全缘。小花序腋生兼顶生，头状，花密集；单性，雌雄同序，密集的穗状花序生于枝顶或叶腋，每个花序顶部生1雌花，其余为雄花，无花瓣。蒴果球状。花期：5月；果期：10月。

【产地分布】原产于中国广东、海南、香港地区。

【生长习性】喜温暖湿润气候。喜半阴；耐干旱；耐强度修剪，抗大气污染。宜疏松肥沃、排水良好的酸性壤土。

【繁殖方法】扦插或分株繁殖。

【园林用途】枝叶繁茂，叶形别致，四季常青。宜作庭园栽培，常用于绿篱、花坛和盆栽。

杨梅黄杨

【学名】*Buxus myrica* Lévl.

【科属】黄杨科，黄杨属

【形态简要】常绿灌木，高1～3 m。叶薄革质，长圆状披针形或狭披针形，长3～5 cm，宽1～1.5 cm，顶端急尖或渐尖，具小尖头，基部楔形；叶面深绿色，叶背淡绿色，两面中脉隆起，侧脉明显可见。总状花序腋生，疏花。蒴果球形，宿存角状花柱直立，顶端外弯。花期：1～2月；果期：5～6月。

【产地分布】原产于中国广东、广西、湖南、四川、贵州、云南等地区。

【生长习性】喜温暖湿润气候。喜半阴；耐盐碱。以排水良好、富含有机质的砂质壤土为宜。

【繁殖方法】播种或扦插繁殖。

【园林用途】四季常青，常用于绿篱、林下地被。

千头木麻黄

【学名】*Casuarina nana* Sieb. ex Spreng.

【科属】木麻黄科，木麻黄属

【形态简要】常绿灌木至小乔木，高1～3 m。单叶呈鞘齿状，五片轮生，偶有4～6片轮生。花雌雄异株，雄花柔荑状，雌花头状，花小、不明显。果近似球形，表面看起来规则的分成多数角形的格子。花期：4～5月。

【产地分布】原产于大洋洲。现世界各地常栽培供观赏。中国广东有栽培。

【生长习性】喜高温气候。喜光，不耐阴；不耐寒；耐盐性强；耐旱性强；抗强风。以沙地至砂质土壤为宜。

【繁殖方法】高压繁殖。

【园林用途】耐修剪，易整形，枝叶茂密，优雅醒目。在空旷草地上常作点缀种植，是盆栽、庭园美化的高级树种，也是沿海防护林重要树种。

垂叶榕（垂枝榕、垂榕）

【学名】*Ficus benjamina* L.

【科属】桑科，榕属

【形态简要】常绿乔木，高达20 m，园林上可做灌木栽培应用。树皮呈灰色，平滑；小枝下垂。叶薄革质，有光泽，卵形至卵状椭圆形。榕果成对或单生叶腋，基部缢缩成柄，球形或扁球形，光滑，成熟时红色至黄色；雄花、瘿花、雌花同生于一榕果内；雄花极少数，具柄，花被片4；瘿花具柄，多数，花被片5，狭匙形；雌花无柄，花被片短匙形。瘦果卵状肾形。果期：8～11月。

【产地分布】原产于中国广东、广西、海南、云南和贵州。越南至印度也有分布。中国华南地区广为栽培。

【生长习性】喜高温多湿气候。喜光，耐半阴；耐风，抗污染，耐修剪，易移植，适应性强。对土质要求不严，但须肥沃和排水良好的土壤。

【繁殖方法】播种、扦插或压条繁殖。

【园林用途】小枝微垂，摇曳生姿，绿叶青翠，典雅飘逸；节部有许多气根，状如丝帘。道路、公园、庭院、校园常用绿化树种，也可盆栽装饰室内。

常见栽培应用的变种或品种有：

'黄金'垂榕（*F. benjamina* L. 'Golden Leaves'）：叶较细长，新叶黄色。

'花叶'垂榕（*F. benjamina* L. 'Variegata'）：叶脉及叶缘具不规则的黄色斑块。

'黄金'垂榕

'花叶'垂榕

金钱榕（厚叶榕）

【学名】*Ficus microcarpa* var. *crassifolia* (W. C. Shieh) J. C. Liao

【科属】桑科，榕属

【形态简要】常绿灌木，高0.5～2 m。树皮光滑，有白色乳汁。叶片宽大矩圆形或椭圆形，深绿色，有光泽，厚革质，先端尖，全缘。幼芽红色，具苞片。果成对腋生，矩圆形，成熟时橙红色。

【产地分布】原产于印度和马来西亚。中国华南地区有栽培。

【生长习性】喜温暖高湿气候。喜光，也耐阴；较耐寒，冬季温度不低于5 ℃。土壤要求肥沃、排水良好。

【繁殖方法】播种、扦插或压条繁殖。

【园林用途】株形紧凑，叶浓绿。适宜道路中间分车带栽植，庭园绿化，也可做盆栽用于室内绿化。

黄金榕（黄叶榕、黄心榕、金叶榕）

【学名】*Ficus microcarpa* L. f. 'Golden Leaves'

【科属】桑科，榕属

【形态简要】常绿灌木或小乔木，高6～10 m。树冠阔伞形，枝干有下垂的气根。单叶互生，倒卵形至椭圆形，长4～10 cm，革质，全缘，新叶呈金黄色。花单性，雌雄同株，隐头花序。果实球形。

【产地分布】中国华南地区，东南亚及大洋洲广为栽培。

【生长习性】喜高温多湿气候。喜光，耐半阴；生长适温25～30 ℃；耐潮；耐风，病虫害少，耐修剪，适应性强。对土壤要求不严。

【繁殖方法】播种或扦插繁殖。

【园林用途】叶色金黄，耐修剪，株形饱满。常做行道树、园景树、绿篱树，列植做绿篱，片植做地被；高速路中间分车带常用树种。

大琴叶榕

【学名】*Ficus lyrata* Warb.

【科属】桑科，榕属

【形态简要】常绿乔木，高可达12 m，园林上可做灌木栽培应用。叶厚革质，提琴状，两面无毛，头截形而凹，脚耳形，长17～40 cm，宽可达30 cm；托叶侧生，长约3.5 cm。榕果球形，单生或成对生于叶腋，绿色，径约2 cm，具白点。

【产地分布】原产于非洲热带。热带亚热带地区广泛栽培。

【生长习性】性喜高温湿润。喜阳也耐阴；越冬温度为5℃，耐寒力相对较弱。喜微酸性土壤，忌碱性土壤。

【繁殖方法】组培、扦插、压条繁殖。

【园林用途】株形挺拔潇洒，叶片奇特，叶先端膨大呈提琴形状。常作庭园树、行道树，也可盆栽观赏。

梅叶冬青（秤星树、岗梅、苦梅根）

【学名】*Ilex asprella* (Hook. et Arn.) Champ. ex Benth.

【科属】冬青科，冬青属

【形态简要】落叶灌木，高达3 m。具长短枝，长枝有淡色皮孔，短枝多皱，具宿存的鳞片和叶痕。叶在长枝上互生，在短枝顶簇生，膜质，卵形或卵状椭圆形，长4～6 cm，宽2～3 cm，先端尾状渐尖，基部钝至近圆形，边缘具锯齿。花白色，辐状，花瓣4～5，近圆形。果球形，初为红色，熟时变黑色。花期：3～5月；果期：4～10月。

【产地分布】原产于中国东南部及台湾。菲律宾群岛也有分布。中国广东有栽培。

【生长习性】喜温暖湿润气候。喜半阴；忌盐碱地和渍水地。宜疏松、排水良好的砂质壤土。

【繁殖方法】播种或扦插繁殖。

【园林用途】株形美观，耐修剪，凉茶廿四味原料之一。作乡土花灌木、药用植物用于公园、庭院、药用专类园绿化。

枸骨（鸟不宿、猫儿刺、老虎刺）

【学名】*Ilex cornuta* Lindl. et Paxt.

【科属】冬青科，冬青属

【形态简要】常绿灌木或小乔木，高1～3 m。树皮灰白色，平滑。叶互生，硬革质，矩圆状四方形，长4～8 cm，宽2～4 cm，顶端扩大，先端具3枚尖硬刺齿，中央刺齿常反曲，基部圆形或近截形，两侧各具1～2刺齿。雌雄异株，花淡黄色，4基数，簇生二年生的枝上。果球形，鲜红色，基部具四角形宿存花萼，顶端宿存柱头盘状。花期：4～5月；果期：10月至翌年2月。

【产地分布】原产于中国长江中下游各地区。

【生长习性】喜温暖湿润气候。喜光，耐半阴；稍耐寒；不耐盐碱；耐干旱；生长较慢。喜肥沃的酸性土壤。

【繁殖方法】播种或扦插繁殖。

【园林用途】叶形奇特，红果累累，是优良的观叶赏果树种。宜作绿篱、盆栽、岩石园材料，可孤植于花坛中心、对植于前庭、路口，或丛植于草坪边缘。

常见栽培应用的变种或品种有：

无刺枸骨（*I. cornuta* Lindl. et Paxt. var. *fortunei*（Lindl.）S.Y. Hu）：叶片厚革质叶长圆形或卵形，先端骤尖，基部圆形或近截形，边缘无刺。

无刺枸骨

龟甲冬青（豆瓣冬青、龟背冬青）

【学名】 *Ilex crenata* Thunb. ex Murray 'Convexa'

【科属】 冬青科，冬青属

【形态简要】 常绿小灌木，高 0.3～1 m。叶对生，革质，倒卵形，椭圆形或长圆状椭圆形，长 1～3.5 cm，宽 5～15 mm，先端圆形，钝或近急尖，基部钝或楔形，边缘具圆齿状锯齿。聚伞花序，单生于当年生枝的鳞片叶肉或下部的叶腋内；白色，花瓣 4，阔椭圆形，基部稍合生。果球形，成熟后黑色。花期：5～6 月；果期：8～10 月。

【产地分布】 园艺栽培品种。中国长江下游至华南、华东、华北地区广为栽培。

【生长习性】 喜温暖湿润气候。喜光，耐半阴；较耐寒；耐修剪能力较强。宜湿润、肥沃的微酸性黄土。

【繁殖方法】 扦插繁殖。

【园林用途】 株形较小，可用于庭园、道路绿化、绿篱或成片栽植作地被，或作基础种植，也可植于花坛、树坛及园路交叉口。

'金叶'钝齿冬青（金叶冬青）

【学名】*Ilex crenata* Thunb. ex Murray 'Golden Gem'

【科属】冬青科，冬青属

【形态简要】常绿灌木，植株低矮。叶子密集；较厚，呈革质，有光泽；长卵圆形，互生，边缘具细浅锯齿，嫩叶金黄色。花白色，4瓣，花型小。花期5～6月。

【产地分布】园艺栽培品种。中国长江下游至华南、华东、华北地区广为栽培。

【生长习性】喜温暖湿润气候。喜光，耐半阴；较耐寒；抗病虫害能力强，耐修剪。以湿润、肥沃的微酸性最为适宜。

【繁殖方法】扦插繁殖。

【园林用途】叶色终年金黄，色彩鲜艳悦目，孤植、片植均可，是一种很有前景的常绿彩叶植物，宜植于庭院、公园等处。

异叶冬青

【学名】*Ilex dimorphophylla* Koidz.

【科属】冬青科，冬青属

【形态简要】常绿灌木或小乔木，2～4 m。树皮平滑，灰白色。叶硬革质，长圆形或卵形，先端具坚硬刺齿，叶面深绿色，有光泽。花小，淡黄色；核果球形，成熟后鲜红色。花期：4～5月；果期：10月至翌年4月。

【产地分布】原产于中国东部至南部。中国华南地区有栽培。

【生长习性】喜温暖湿润气候。喜光，耐半阴；耐热，耐寒；耐旱。喜湿润肥沃土壤。

【繁殖方法】分株或扦插繁殖。

【园林用途】株形紧凑，叶形奇特，碧绿光亮，四季常青，入秋后红果满枝，经冬不凋，艳丽可爱，是优良的观叶、观果树种。

毛冬青（茶叶冬青、密毛冬青）

【学名】*Ilex pubescens* Hook. et Arn.

【科属】冬青科，冬青属

【形态简要】常绿灌木，高3 m。分枝灰色，细长，稍"之"字形曲折，近四棱形，密生长硬毛。叶膜质或纸质，长卵形、卵形或椭圆形，全缘或通常有芒齿。雌雄异株，花序簇生或雌花序为假圆锥花序状，花序簇由具1～3花的分枝组成；雄花4～5数，粉红色；雌花6～8数，较雄花稍大。果球形，直径4 mm，熟时红色。花期：4～5月，果期：8～11月。

【产地分布】原产于中国广东、广西、安徽、福建、浙江、江西、台湾等地。

【生长习性】喜温暖湿润气候。喜光，耐半阴；耐热，耐寒；耐旱。喜湿润肥沃土壤。

【繁殖方法】播种或扦插繁殖。

【园林用途】株形美观。作乡土花灌木用于公园、庭院、专类园绿化。

华南青皮木（红旦木、香芙木）

【学名】*Schoepfia chinensis* Gardn.et Champ.

【科属】铁青树科，青皮木属

【形态简要】落叶灌木至小乔木，高2～6 m；小枝干后黑褐色，有白色皮孔。叶纸质或坚纸质，叶上面深绿色，背面淡绿色；叶脉红色；叶柄红色。花无梗，成聚伞花序；花冠管状，黄白色或淡红色，花叶同放。果椭圆状或长圆形，成熟时为花萼筒所包围，基部为略膨大的"基座"所承托。花期：2～4月，果期：4～6月。

【产地分布】原产于中国四川（西南部）、云南、广西、广东、湖南（南部）、江西、福建、台湾等地。园林少见栽培应用。

【生长习性】喜温暖湿润气候。喜光，耐半阴；较耐寒。土壤以湿润、肥沃的微酸性最为适宜。

【繁殖方法】播种、扦插、压条繁殖。

【园林用途】株形美观，入秋后红果艳丽可爱，是优良的观形、观果树种。作乡土灌木用于公园、庭院绿化。

胡颓子（蒲颓子、半含春、卢都子、羊奶子）

【学名】*Elaeagnus pungens* Thunb.

【科属】胡颓子科，胡颓子属

【形态简要】常绿直立灌木，高3～4 m。茎具刺，深褐色，幼枝密被锈色鳞片，老枝鳞片脱落，黑色，具光泽。叶革质，椭圆形或阔椭圆形。花白色或淡白色，下垂，密被鳞片，1～3朵生于叶腋锈色短小枝上。果实椭圆形，长12～14 mm，幼时被褐色鳞片，成熟时红色；果核内面具白色丝状棉毛。花期：9～12月；果期：翌年4～6月。

【产地分布】原产于中国广东、广西、湖南、江西、福建、浙江、江苏、安徽、湖北、贵州，日本也有分布。

【生长习性】喜温暖气候。喜光，耐半阴；生长适温为24～34 ℃，耐高温酷暑，能忍耐-8 ℃低温；耐盐碱；耐干旱贫瘠，不耐水涝。对土壤适应性强，在中性、酸性和石灰质土壤上均能生长。

【繁殖方法】播种或扦插繁殖。

【园林用途】株形自然，新枝伸长弯延下垂，适于草地丛植，也可用于林缘、树群外围作自然式绿篱，或点缀于池畔、窗前、石间。

常见栽培应用的变种或品种有：

'金边'胡颓子（*E. pungens* Thunb. 'Aurea'）：叶边缘金黄色。

'金心'胡颓子（*E. pungens* Thunb. 'Maculata'）：单叶互生，叶革质，椭圆形至矩圆形，端钝或尖，基部圆形，叶狭而较小，叶中央部金黄色，背面有银白色及褐色鳞片。

'金边'胡颓子

'金心'胡颓子

九里香（七里香、石桂树）

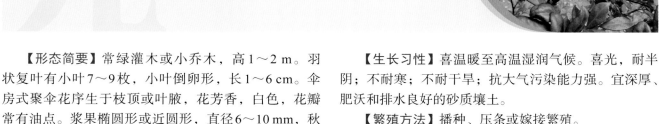

【学名】*Murraya paniculata* (L.) Jack

【科属】芸香科，九里香属

【形态简要】常绿灌木或小乔木，高1～2 m。羽状复叶有小叶7～9枚，小叶倒卵形，长1～6 cm。伞房式聚伞花序生于枝顶或叶腋，花芳香，白色，花瓣常有油点。浆果椭圆形或近圆形，直径6～10 mm，秋至冬季成熟，橙红色至红色。花期：4～9月；果期：9～12月。

【产地分布】原产于中国广东、广西、福建、台湾等地的南部。中国南方各地广泛栽培。

【生长习性】喜温暖至高温湿润气候。喜光，耐半阴；不耐寒；不耐干旱；抗大气污染能力强。宜深厚、肥沃和排水良好的砂质壤土。

【繁殖方法】播种、压条或嫁接繁殖。

【园林用途】四季常青，花期长，花多而密，芳香四溢，花后结出红色的浆果甚是艳丽夺目。为夏、秋季观花，冬季观果，四时观叶的木本花卉，在华南地区被广泛植为庭院风景树、绿篱或作道路隔离带植物。

细裂三桠苦

【学名】*Evodia ridleyi* Hochr.

【科属】芸香科，吴茱萸属

【形态简要】常绿灌木或小乔木，高2～5 m。叶狭长，淡绿色，充足光线下变成黄色。花小，白色至淡黄绿色。花期：3～5月；果期：6～8月。

【产地分布】原产于东南亚。中国热带、南亚热带有栽培。

【生长习性】喜高温湿润气候。喜光，耐半阴；忌积水。对土壤要求不严，但以深厚、肥沃且排水良好的壤土或砂质壤土为佳。

【繁殖方法】扦插或分蘖繁殖。

【园林用途】枝叶茂密，观赏价值高。道路、庭院片植、丛植均可。

四季橘

【学名】*Citrus×microcarpa* Bunge

【科属】芸香科，柑橘属

【形态简要】常绿灌木或小乔木，高1～3 m。枝条密生，有刺。叶互生，质厚，长椭圆形、披针形或矩圆形，长4～10 cm，宽2～4 cm；叶柄长达1.2 cm，翼叶甚窄；花单生或2～3朵簇生于新枝的叶腋，花白色。果扁圆，两端中央凹陷，顶部最明显。一年四季均开花结果。

【产地分布】原产于中国南部。长江流域及以南各地常见栽培。

【生长习性】喜温暖湿润气候。喜光照充足环境，略耐阴；不耐寒。要求疏松肥沃、排水良好的微酸性砂壤土。

【繁殖方法】播种繁殖。

【园林用途】枝繁叶茂，冠姿秀雅，四季常青，夏天花开雪白如玉，浓香溢远，秋冬金果灿灿。既可赏玩又可食用，多用于盆栽观赏。广东地区用作年宵观赏植物。

香橼（枸橼）

【学名】*Citrus medica* L.

【科属】芸香科，柑橘属

【形态简要】常绿灌木或小乔木，分枝不规则。新生嫩枝、芽及花蕾均暗紫红色，茎枝多刺，刺长达4 cm。单叶，无翼叶，叶片椭圆形或卵状椭圆形，长6～12 cm，宽3～6 cm，叶缘有浅钝裂齿。总状花序有花达12朵，有时兼有腋生单花，花白色。果椭圆形、近圆形或两端狭的纺锤形，果皮淡黄色，粗糙。花期：4～5月；果期：10～11月。

【产地分布】原产于中国华南地区。现华南、西南各地常见栽培。

【生长习性】喜高温多湿气候。不耐严寒。以疏松肥沃、富含腐殖质、排水良好的砂质壤土栽培为宜。

【繁殖方法】播种或扦插繁殖。

【园林用途】花芳香宜人，果实硬大其色金黄，悬垂枝头，倍加秋色。适于庭院栽植，又可盆栽观赏。

常见栽培应用的变种或品种有：

佛手（*C. medica* L. var. *sarcodactylis* Swingle）：果发育形成细长弯曲的果瓣，状如手指，故名佛手；香气比香橼浓。

佛手

佛手

佛手

胡椒木（琉球花椒、台湾胡椒木）

【学名】*Zanthoxylum beecheyanum* K. Koch

【科属】芸香科，花椒属

【形态简要】常绿灌木，高约1 m。奇数羽状复叶，叶基有短刺2枚，叶轴有狭翼，小叶对生，倒卵形，长0.7～1 cm，革质，叶面浓绿富光泽，全叶密生腺体，揉碎有浓郁胡椒味。雌雄异株，雄花黄色，雌花橙红色。果实椭圆形，绿褐色。

【产地分布】原产于日本。中国长江以南地区多有栽培。

【生长习性】喜温暖湿润气候。喜光；耐热，夏季高温闷热不利其生长，低于10 ℃，停止生长，在霜冻下不能安全越冬；耐旱，不耐水涝；耐风，耐修剪，易移植。

【繁殖方法】扦插繁殖。

【园林用途】生长慢，属低维护性灌木；叶色浓绿细致，质感佳，并能散发香味，适于花槽栽植、低篱、地被、修剪造型。庭园、校园、公园、游乐区、廊宇、孤植、列植群植皆美观，全株具浓烈胡椒香味，枝叶青翠适合作整形、庭植美化、绿篱或盆栽。

米仔兰（暹罗花、树兰、碎米兰）

【学名】*Aglaia odorata* Lour.

【科属】楝科，米仔兰属

【形态简要】常绿灌木或小乔木，高4～7 m。茎多小枝，幼枝顶部被星状锈色的鳞片。羽状复叶长5～12 cm，叶轴和叶柄具狭翅，有小叶3～5片；小叶对生，厚纸质，长2～7 cm，宽1～3.5 cm，顶端1片最大，下部的较顶端的小。圆锥花序，腋生，花黄色。种子有肉质假种皮。花期：5～12月；果期：7月至翌年3月。

【产地分布】原产于中国东南部至西南部以及中南半岛各国。中国南方各地常见栽培和应用。

【生长习性】喜温暖至高温湿润气候。喜光，耐半阴；不耐寒冷；不耐干旱；抗大气污染能力强。喜土层深厚、疏松、肥沃砂质壤土。

【繁殖方法】扦插繁殖。

【园林用途】分枝茂密，常形成圆球形树冠，姿态清雅，小花形同小米，玲珑可爱，芳香馥郁。宜作庭院、公园绿化、美化或道路中间分隔绿化带。

常见栽培应用的变种有：

小叶米仔兰[*Aglaia odorata* Lour. var. *microphyllina* C. DC.]：奇数羽状复叶，小叶5～7枚，长2～5.5 cm，宽1～1.5 cm。花果期：几乎全年。

小叶米仔兰

小叶米仔兰

小叶米仔兰

小叶米仔兰

小叶米仔兰

小叶米仔兰

车桑子（坡柳、明油子）

【学名】*Dodonaea viscosa* (L.) Jacq.

【科属】无患子科，车桑子属

【形态简要】常绿灌木或小乔木，高1～3 m或更高。小枝扁，有狭翅或棱角，覆有胶状粘液。单叶，纸质，形状和大小变异很大，线形、线状匙形、线状披针形、倒披针形或长圆形，长5～12 cm，宽0.5～4 cm，顶端短尖、钝或圆，全缘或不明显的浅波状，两面有粘液。花序顶生或在小枝上部腋生，花黄色，密花；萼片4，长约3 mm，顶端钝。蒴果倒心形或扁球形。花期：7～9月；果期：10～12月。

【产地分布】广泛分布于全世界的热带和亚热带地区。中国华南、东南至西南地区均有栽培。

【生长习性】喜高温、湿润气候。喜光；不耐寒；耐盐性强；耐旱性强；能耐强风，生长迅速，萌发能力强。对土壤要求不严，能耐瘠薄土壤，以砂质壤土为宜。

【繁殖方法】播种繁殖。

【园林用途】可用于公路、铁路护坡、崖坡等绿化，也可以作为观赏用的植物。

野鸦椿

【学名】*Euscaphis japonica* (Thunb.) Dippel.

【科属】省枯油科，野鸦椿属

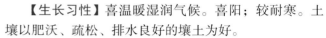

【形态简要】落叶灌木或小乔木，高2～8 m。树皮灰褐色，具纵条纹，小枝及芽红紫色，枝叶揉碎后发出恶臭气味。奇数羽状复叶，对生，小叶5～9，厚纸质，长卵形或椭圆形，长4～9 cm，宽2～4 cm，边缘具疏短锯齿，齿尖有腺体。圆锥花序顶生，花黄白色。蓇葖果紫红色。花期：5～6月；果期：8～9月。

【产地分布】原产于中国。除西北各地外，全国均有分布。日本、越南也有分布。

【生长习性】喜温暖湿润气候。喜阳；较耐寒。土壤以肥沃、疏松、排水良好的壤土为好。

【繁殖方法】播种繁殖。

【园林用途】春夏之际，满树银花，十分美观，秋季成熟的果实犹如满树红花上点缀着颗颗黑珍珠，十分艳丽，兼具观花、观叶、观果的效果，是极具利用潜力的观赏植物。

'洒金'桃叶珊瑚

【学名】*Aucuba japonica* Thunb. 'Variegata'

【科属】山茱萸科，桃叶珊瑚属

【形态简要】常绿灌木或小乔木，高3～6(～12) m。小枝绿色，被柔毛，老枝具白色皮孔。叶对生，薄革质，长椭圆形至倒卵状披针形，长10～20 cm，叶端具尾尖，全缘或中上部有疏齿。花紫色，排成总状花序。核果浆果状，熟时深红色。

【产地分布】栽培品种，原产于中国广东、广西、海南、福建、台湾等地区，越南也有分布。

【生长习性】喜温暖湿润气候。喜半阴环境，夏季怕强光曝晒；较耐寒。土壤以肥沃、疏松、排水良好的壤土为好。

【繁殖方法】扦插繁殖。

【园林用途】叶色青翠光亮，密有黄色斑点，冬季时呈深红色，果实鲜艳夺目，为良好的耐阴观叶、观果树种，适宜庭院、池畔、墙隅和高架桥下点缀，又可盆栽供室内观赏。

四照花

【学名】*Cornus kousa* subsp. *chinensis* (Osborn) Q. Y. Xiang

【科属】山茱萸科，四照花属

【形态简要】落叶灌木或小乔木，高可达9 m。小枝细，绿色，后变褐色，光滑，嫩枝被白色短绒毛。叶纸质，对生，卵形或卵状椭圆形，表面浓绿色，疏生白柔毛，叶背粉绿色，有白柔毛，长5～12 cm，宽3～7 cm。头状花序球形，花序外有2对花瓣状大型总苞片，白色，光彩四照。果序球形，成熟时暗红色。花期：4～6月；果期：9～10月。

【产地分布】原产于中国长江流域各地及河南、陕西、甘肃等地。

【生长习性】喜温暖阴湿气候环境。喜光，亦耐半阴；耐-15 ℃低温；耐旱；耐瘠薄。适生于肥沃而排水良好的砂质土壤。

【繁殖方法】播种或扦插繁殖。

【园林用途】树形美观、整齐，初夏开花，白色苞片覆盖全树，微风吹动如同群蝶翩翩起舞，十分别致；秋季红果满树，是一种美丽的庭园观花、观果树种。

八角金盘

【学名】*Fatsia japonica* (Thunb.) Decne. et Planch.

【科属】五加科，八角金盘属

【形态简要】常绿灌木或小乔木，高可达 5 m。叶柄长 10～30 cm，叶片大，革质，近圆形，直径 12～30 cm，掌状 7～9 深裂，裂片长椭圆状卵形，叶面暗亮绿，叶背色较浅，有粒状突起，边缘有时呈金黄色。圆锥花序顶生，长 20～40 cm，黄白色。果近球形，熟时黑色，外被白粉。花期：10～11 月；果熟期：翌年 4 月。

【产地分布】原产于琉球群岛。现全世界温暖地区已广泛栽培。

【生长习性】喜温暖温暖气候。耐阴；耐寒；不耐干旱；萌蘖力强。以排水良好而肥沃的微酸性土壤为宜，中性土壤亦能适应。

【繁殖方法】播种、扦插或分株繁殖。

【园林用途】优良观叶植物。适宜配植于庭院、门旁、窗边、墙隅及建筑物背阴处，也可点缀在溪流滴水之旁，还可成片群植于草坪边缘及林地，另可盆栽供室内观赏；对二氧化硫抗性较强，适于厂矿区、街坊种植。

圆叶南洋参（圆叶福禄桐）

【学名】*Polyscias scutellaria* (Burm. f.) Fosberg

【科属】五加科，南洋参属

【形态简要】常绿灌木或小乔木，高可达8 m，盆栽约2 m。植株多分枝，枝条柔软，茎干灰褐色，密布皮孔。叶互生，3小叶的羽状复叶或单叶，小叶宽卵形或近圆形，基部心形，边缘无银白色斑纹，有细锯齿，叶面绿色。伞形花序成圆锥状。

【产地分布】原产于新克里多尼亚。中国华南地区有栽培。

【生长习性】喜高温高湿气候。全日照、半日照均可；耐旱。栽培土质以肥沃的砂质壤土为最佳。

【繁殖方法】扦插繁殖。

【园林用途】株形优美，生长快速，耐阴。适于庭园荫蔽之地进行美化或大型盆栽。

常见栽培应用的变种或品种有：

'镶边'圆叶南洋参 [*P. scutellaria*（Burm. f.）Fosberg 'Marginata']：羽状复叶，小叶近圆形，具白边。

'镶边'圆叶南洋参

'镶边'圆叶南洋参

鹅掌藤（七加皮）

【学名】 *Schefflera arboricola* (Hayata) Merr.

【科属】 五加科，鹅掌柴属

【形态简要】 藤状灌木，高2～3 m。掌状复叶，小叶5～9片；革质，倒卵形或长圆形，长6～10 cm，宽1.5～3.5 cm，先端急尖或钝形，稀短渐尖，基部渐狭或钝形。圆锥花序顶生，长20 cm以下；花白色，花瓣5～6。果实球形，红黄色。花期：7月；果期：8月。

【产地分布】 原产于中国广东、海南、广西及台湾。

【生长习性】 喜高温湿润气候。喜半阴，在全日照、半日照、半阴下均可生长良好；耐寒，生长适温为20～30 ℃；耐旱又耐湿。对土壤要求不严，以疏松、肥沃和排水良好的砂质壤土为宜。

【繁殖方法】 扦插或播种繁殖。

【园林用途】 成株秋季开淡绿色或黄褐色小花，果实球形，红黄色，枝叶柔美，清新宜爽。适合道路、庭园、公园各种绿地类型美化或盆栽。

常见栽培应用的变种或品种有：

'卵叶' 鹅掌藤 [*S. arboricola*（Hayata）Merr. 'Hong Kong']：小叶卵圆形。

'黄金' 鹅掌藤 [*S. arboricola*（Hayata）Merr. 'Trinette']：小叶具黄色斑纹。

'卵叶' 鹅掌藤

'卵叶' 鹅掌藤

'卵叶'鹅掌藤

'黄金'鹅掌藤

'黄金'鹅掌藤

'黄金'鹅掌藤

孔雀木

【学名】*Schefflera elegantissima* (Veitch ex Mast) Lowry et Frodin

【科属】五加科，鹅掌柴属

【形态简要】常绿灌木或小乔木，高达4m。总叶柄细长；叶面革质，暗绿色；叶互生，掌状复叶，小叶7～11枚，条状披针形，边缘有锯齿或羽状分裂，状似细长的手指，呈放射状着生，交错排列；幼叶紫红色，后成深绿色。复伞状花序，生于茎顶叶腋处，小花黄绿色不显著。

【产地分布】原产于澳大利亚和太平洋群岛。中国华南地区有引种栽培。

【生长习性】喜温暖至高温气候。喜半阴；可耐高温，不耐寒。以排水良好壤土或砂质壤土为佳。

【繁殖方法】播种或扦插繁殖。

【园林用途】树形和叶形优美，叶片掌状复叶，紫红色，小叶羽状分裂，非常雅致，为名贵的观叶植物。可用于庭院、公园绿化、美化或盆栽观赏。

澳洲鸭脚木（幅叶鹅掌柴、大叶伞、昆士兰伞木）

【学名】*Schefflera macrostachya* (Benth.) Harms

【科属】五加科，鹅掌柴属

【形态简要】常绿灌木或小乔木，高2 m以上。茎杆直立，少分枝，嫩枝绿色，后呈褐色。叶为掌状复叶，小叶数随树木的年龄而异，幼年时3～5片，长大时5～7片，至乔木状时可多达16片；小叶片椭圆形，先端钝，有短突尖，叶缘波状，革质，长20～30 cm，宽10 cm，叶面浓绿色，有光泽，叶背淡绿色；叶柄红褐色。花为圆锥状花序，顶生，花小，淡黄色。果实球形而生纵沟。

【产地分布】原产于大洋洲、新几内亚。中国华南地区常见栽培。

【生长习性】喜高温多湿气候。喜光，喜通风和明亮光，较耐阴；生育适温20～30 ℃。适于排水良好、富含有机质的砂质壤土。

【繁殖方法】播种或扦插繁殖。

【园林用途】叶片阔大，柔软下垂，形似伞状，株形优雅轻盈。适合在庭院中孤植作风景树，密植作为隔离树及桥体边绿化，可盆栽观赏，用于布置会场、厅堂。

吊钟花（铃儿花、白鸡烂树、山连召）

【学名】*Enkianthus quinqueflorus* Lour.

【科属】杜鹃花科，吊钟花属

【形态简要】常绿灌木或小乔木，高1~3m。多分枝。叶常密集于枝顶，互生，革质，长圆形或倒卵状长圆形，长5~10cm，宽2~4cm，边缘反卷，全缘或稀向顶部疏生细齿。花通常3~8朵组成伞房花序，花冠宽钟状，长约1.2cm，粉红色或红色，口部5裂；雄蕊10枚。蒴果椭圆形，淡黄色，具5棱。花期：3~5月；果期：5~7月。

【产地分布】原产于中国广东、广西、湖南、福建等地。园林少有应用。

【生长习性】喜凉爽湿润气候。以腐殖质含量丰富，排水良好，疏松肥沃的微酸性砂质壤土为宜。

【繁殖方法】扦插繁殖。

【园林用途】朵朵成束，好似铃铛吊挂，妖嫩媚人，晶莹醒目，长期以来作为吉祥的象征，为广东一带传统的年花，每到节日为大型插花所不可缺少的材料。

231

太平杜鹃（刺毛杜鹃）

【学名】*Rhododendron championiae* Hook.

【科属】杜鹃花科，杜鹃属

【形态简要】常绿灌木至小乔木，高2～8 m。枝灰褐色，幼时被开展的腺头刚毛和短柔毛。叶厚纸质，长圆状披针形，长达17.5 cm，宽2～5 cm，先端渐尖，基部楔形，边缘密被长刚毛和疏腺头毛；叶柄长1.2～1.7 cm密被腺头刚毛和短柔毛。伞形花序生枝顶叶腋，有花2～7朵；花冠白色或淡红色，狭漏斗状，长5～6 cm。蒴果圆柱形，长达5.5 cm，微弯曲，具6条纵沟，密被腺头刚毛和短柔毛。花期：4～5月；果期：9～10月。

【产地分布】原产于中国浙江、江西、福建、湖南、广东和广西，生于海拔300～1000 m的山谷疏林内。园林绿地少有应用。

【生长习性】喜凉爽湿润气候。不耐曝晒；忌酷热干燥。喜富含腐殖质、疏松、湿润及偏酸性土壤，忌粘重或通透性差的土壤。

【繁殖方法】播种或扦插繁殖。

【园林用途】花色艳丽，株形优美，可用作盆景材料，亦可在林缘、溪边、池畔及岩石旁成丛成片栽植，或孤植，或用在庭园中做为矮墙或屏障。

丁香杜鹃

【学名】*Rhododendron farrerae* Tate ex Sweet

【科属】杜鹃花科，杜鹃属

【形态简要】落叶灌木，高0.3～1.8 m。叶常3枚假轮生于枝顶，革质，长椭圆形或长圆状倒卵形，长2.3～3 cm，宽0.8～1.4 cm，先端圆或钝，有小尖头，基部楔形，边缘反卷。顶生伞形花序有花3～5(～10)朵；花冠管状钟形，深红色。蒴果圆柱形，褐色。花期：3～4月；果期：8～9月。

【产地分布】原产于中国广东、福建、湖南和江西地区，常生于山地和干燥的岩石旁或灌木丛中。园林绿地少有应用。

【生长习性】喜凉爽湿润气候。不耐曝晒；忌酷热干燥。喜富含腐殖质、疏松、湿润及偏酸性土壤，忌粘重或通透性差的土壤。

【繁殖方法】播种或扦插繁殖。

【园林用途】枝叶纤细，花色艳丽，在园林中宜在林缘、溪边、池畔及岩石旁成丛、成片栽植，也可于疏林下散植；因其耐修剪，根桩奇特，亦是优良的盆景材料。

岭南杜鹃（玛丽杜鹃、紫花杜鹃）

【学名】*Rhododendron mariae* Hance

【科属】杜鹃花科，杜鹃属

【形态简要】半常绿灌木，高1～3 m。分枝多，幼枝密被红棕色糙伏毛，老枝灰褐色。叶革质，集生枝端，椭圆状披针形至椭圆状倒卵形，长3～11 cm，宽1.3～4 cm，边缘微反卷，疏被糙伏毛。伞形花序顶生，具花7～16朵；雄蕊5，不等长，伸出于花冠外。蒴果长卵球形，密被锈色糙伏毛。花期：3～6月；果期：7～11月。

【产地分布】原产于中国安徽、江西、福建、湖南、广东、广西、贵州，生长于海拔500～1250 m的山丘灌丛中。园林绿地少有应用。

【生长习性】喜凉爽湿润气候。不耐曝晒；忌酷热干燥。喜富含腐殖质、疏松、湿润及偏酸性土壤，忌粘重或通透性差的土壤。

【繁殖方法】播种或扦插繁殖。

【园林用途】花繁叶茂，开花时绚丽多彩，宜庭园绿化，可栽种在庭园中作矮墙或屏障。

海南杜鹃

【学名】*Rhododendron hainanense* **Merr.**

【科属】杜鹃花科，杜鹃属

【形态简要】小灌木，高1～3 m。分枝多，幼枝直立，淡紫褐色，密被棕褐色扁平糙伏毛。叶近于革质，集生枝顶，线状披针形至狭披针形，长2～4 cm，宽0.3～1.1 cm；花1～3朵顶生；花梗长5～8 mm，密被棕褐色糙伏毛。蒴果卵球形，几无毛。花期：3～4月；果期：7～11月。

【产地分布】原产于中国海南和广西南部。广东、广西园林绿地有少量应用。

【生长习性】喜温暖湿润气候。喜光，惧强光。喜疏松、肥沃、富含腐殖质的偏酸性土壤，忌碱性和重粘土。

【繁殖方法】扦插、压条或播种繁殖。

【园林用途】枝繁叶茂，绮丽多姿；萌发力强，耐修剪，可经修剪培育成各种形态；宜在林缘、溪边、池畔及岩石旁成丛成片栽植，也可用于疏林下散植，是花篱的良好材料。

西洋杜鹃（杂种杜鹃）

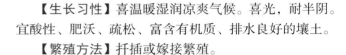

【学名】*Rhododendron hybridum* Hort.

【科属】杜鹃花科，杜鹃属

【形态简要】常绿小灌木。枝、叶表面疏生柔毛，分枝多。叶互生，叶片卵圆形，全缘，长椭圆形，深绿色。总状花序，花顶生，花冠阔漏斗状，花有半重瓣和重瓣，花色有红、粉、白、玫瑰红和双色等。花期：冬、春季。

【产地分布】园艺种。中国华南、华中、华东至华北地区均有引种栽培。

【生长习性】喜温暖湿润凉爽气候。喜光，耐半阴。宜酸性、肥沃、疏松、富含有机质、排水良好的壤土。

【繁殖方法】扦插或嫁接繁殖。

【园林用途】株形矮壮，花形、花色变化大，色彩丰富，是杜鹃花中最美的一类，也是世界盆栽花卉生产的主要种类之一。宜作盆栽观赏、园林布置等。

鹿角杜鹃（岩杜鹃）

【学名】*Rhododendron latoucheae* Franch.

【科属】杜鹃花科，杜鹃属

【形态简要】常绿灌木或小乔木，高2～5 m。叶集生枝顶，近于轮生，革质，卵状椭圆形，长6～13 cm，宽2.5～5.5 cm，先端短渐尖，基部近于圆形或阔楔形。花单生枝顶叶腋，枝端具花1～4朵；雄蕊10，不等长，花柱宿存。蒴果圆柱形，具6棱。花期：3～4月；果期：7～10月。

【产地分布】原产于中国浙江、江西、福建、湖北、湖南、广东、广西、四川和贵州，生长于海拔600～1200 m的杂木林或灌木丛内。广东、广西有栽培应用。

【生长习性】喜凉爽湿润气候。不耐曝晒；忌酷热干燥。喜富含腐殖质、疏松、湿润及偏酸性土壤，忌黏重或通透性差的土壤。

【繁殖方法】播种或扦插繁殖。

【园林用途】花多色艳，枝繁叶茂。可片植园林绿地观赏，或用在庭园中作为矮墙或屏障。萌发力强，耐修剪，根桩奇特，也是优良的盆景材料。

毛棉杜鹃（白杜鹃、丝线吊芙蓉）

【学名】*Rhododendron moulmainense Hook. f.*

【科属】杜鹃花科，杜鹃属

【形态简要】灌木或小乔木，高2～8 m，幼枝粗壮，淡紫褐色，老枝褐色或灰褐色。叶厚革质，集生枝端，近于轮生，长圆状披针形或椭圆状披针形，长5～12 cm，稀达26 cm，宽2.5～8 cm，边缘反卷，叶面深绿色，叶脉凹陷，叶背淡黄白色或苍白色，中脉凸出，两面无毛，叶柄粗壮。伞形花序生枝顶叶腋，有花3～5朵；花冠淡紫色、粉红色或淡红白色。雄蕊10，不等长，花丝扁平，中部以下被银白色糠皮状柔毛，花柱宿存。蒴果圆柱状。花期：4～5月；果期：7～12月。

【产地分布】原产于中国广东、广西、湖南、江西、福建、四川、贵州和云南，生于海拔700～1500 m的灌丛或疏林中。中南半岛、印度尼西亚也有分布。中国广东有栽培应用。

【生长习性】喜凉爽湿润气候。怕酷热，怕严寒，生长适温为12～25 ℃。喜疏松通气、排水良好、腐殖质含量高的酸性土壤。

【繁殖方法】播种或扦插繁殖。

【园林用途】花大而鲜艳，是较为稀缺的杜鹃种类，极具观赏价值和经济价值。

锦绣杜鹃（毛杜鹃、鲜艳杜鹃）

【学名】*Rhododendron pulchrum* Sweet

【科属】杜鹃花科，杜鹃属

【形态简要】半常绿灌木，高 1.5～5 m。叶薄革质，椭圆状长圆形至椭圆状披针形或长圆状倒披针形，长 2～7 cm，宽 1～2.5 cm，先端钝尖，基部楔形。伞形花序顶生，有花 1～5 朵；花冠玫瑰色，有深紫红色斑点；雄蕊 10。蒴果长圆状卵球形，长 0.8～1 cm，被刚毛状糙伏毛，花萼宿存。花期：3～5 月；果期：9～10 月。

【产地分布】原产于中国江苏、浙江、江西、福建、湖北、湖南、广东和广西。岭南地区广泛栽培应用。

【生长习性】喜温暖湿润环境。喜半阴。喜疏松、肥沃、富含腐殖质的偏酸性土壤，忌碱性和重黏土。

【繁殖方法】扦插、压条或播种繁殖。

【园林用途】成片栽植，开花时烂漫似锦，万紫千红，是营造园林景观重要的观花灌木。也可在岩石旁、池畔、草坪边缘丛栽，增添庭园气氛。

映山红（杜鹃、山踯躅、山石榴）

【学名】*Rhododendron simsii* **Planch.**

【科属】杜鹃花科，杜鹃花属

【形态简要】落叶灌木，高2～5m。分枝多而纤细，密被亮棕褐色扁平糙伏毛。叶革质，常集生枝端，卵形、椭圆状卵形、倒卵形或倒卵形至倒披针形。花2～6朵簇生枝顶；花冠阔漏斗形，玫瑰色、鲜红色或暗红色。蒴果卵球形，密被糙伏毛。花期：4～5月；果期：6～8月。

【产地分布】原产于中国中南部和西南部。华南地区广泛栽培。

【生长习性】喜温暖湿润气候。喜光，耐半阴，不耐曝晒；忌酷热干燥；耐贫瘠；稍耐干旱。喜富含腐殖质、疏松、湿润、pH值5.5～6.5的酸性土壤。

【繁殖方法】播种、扦插或嫁接繁殖。

【园林用途】花期长，花色艳丽，开花繁茂，单棵点缀或成片铺植，是营造花篱、花坛、花带云蒸霞蔚的景观重要素材，也可陈设于室内较矮的几架上，或用于布置会场、剧院大厅、宾馆的内庭，均光彩夺目；耐修剪，根桩奇特，又是一种极佳的盆景树材。

神秘果

【学名】*Synsepalum dulcificum* **Daniell**

【科属】山榄科，神秘果属

【形态简要】常绿乔木或灌木，株高2～5 m。树形多呈圆形或云片形，茎枝光滑。叶互生，革质，全缘，长10～12 cm，宽3～4 cm，羽状脉。花小，单生或数朵腋生，白色，盛开时有清香味。浆果长椭圆形，熟后鲜红色，具改变味觉功能。花期：4～5月；果期：9～10月。

【产地分布】原产于热带西非地区。中国海南、广东、广西、福建有栽培。

【生长习性】喜高温多湿环境。喜光；具有一定的耐旱能力。适宜排水良好、微酸性的砂质土壤。

【繁殖方法】播种繁殖。

【园林用途】树形优美，叶、花、果均具有较高的观赏价值，尤其果实鲜红可爱，可盆栽种植用于观叶、观果。

朱砂根（硃砂根、石青子、郎伞树、万两金）

【学名】*Ardisia crenata* Sims

【科属】紫金牛科，紫金牛属

【形态简要】常绿小灌木，株高1～2 m。有匍匐根状茎，其横切面布满血红色的小点，故名"朱砂根"。叶互生，革质或坚纸质，长圆形或倒披针形，叶缘具波状锯齿，边缘腺点极明显。伞形花序，着生于侧生特殊花枝顶端，花白色，稀略带粉红色，盛开时反卷。果球形，直径5～8 mm，鲜红色，具腺点。花期：6～7月；果期：10～12月。

【产地分布】原产于中国长江流域及以南各地。印度、缅甸、印度尼西亚和日本也有分布。

【生长习性】喜温暖湿润气候。忌强光直射，喜散射光和较阴凉的环境。不择土壤，须土壤湿润和排水良好。

【繁殖方法】播种、扦插、压条或嫁接繁殖。

【园林用途】冠形紧凑，果多色艳，挂果期长，树冠似伞状将红色果实罩于碧绿的树冠下部，树形飘逸，冠层错落有致，且果实转红期正值元旦、春节期间，可作为节日盆栽观果、观叶，也可作木本林下植被用于绿化。

东方紫金牛（春不老）

【学名】*Ardisia elliptica* Thunb.

【科属】紫金牛科，紫金牛属

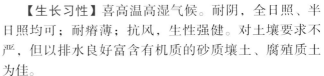

【形态简要】常绿灌木，高达 2 m。叶厚倒披针形或倒卵形，长 6～12 cm，具极模糊或不明显的腺点；叶柄紫红色。花序具梗，伞形花序，近顶生或腋生于特殊花枝的叶状苞片上，花枝基部膨大或具关节；花粉红色至白色。果红色至紫黑色，具极多的小腺点。花期：3～5月；果期：5～8月。

【产地分布】原产于中国及东南亚。中国华南地区园林绿地广泛栽培。

【生长习性】喜高温高湿气候。耐阴，全日照、半日照均可；耐瘠薄；抗风，生性强健。对土壤要求不严，但以排水良好富含有机质的砂质壤土、腐殖质土为佳。

【繁殖方法】播种或扦插繁殖。

【园林用途】枝叶繁茂，叶簇翠绿，结实累累。适合作绿篱、修剪造型、庭园美化或大型盆栽。

桐花树

【学名】*Aegiceras corniculatum* (L.) Blanco

【科属】紫金牛科，蜡烛果属

【形态简要】常绿灌木或小乔木，高1.5～4 m。叶互生，于枝条顶端近对生，叶片革质，倒卵形、椭圆形或广倒卵形，全缘。伞形花序，生于枝条顶端，无柄，有花10余朵；子房卵形，与花柱无明显的界线，连成一圆锥体。蒴果圆柱形，弯曲如新月形，顶端渐尖；宿存萼紧包基部。花期：12月至翌年2月；果期：10～12月。

【产地分布】原产于中国广西、广东、福建及南海诸岛。印度、中南半岛至菲律宾及澳大利亚南部等地也有分布。

【生长习性】生于海边潮水涨落的污泥滩上，为红树林组成树种之一。

【繁殖方法】播种繁殖。

【园林用途】典型的红树林植物，有支柱根可以把根基扩大，抓紧软泥，令植物在软泥中矗立不倒，是良好的海岸防风、防浪植物。

矮紫金牛

【学名】*Ardisia humilis* Vahl

【科属】紫金牛科，紫金牛属

【形态简要】常绿灌木，株高1~3 m。树冠圆形，全株无毛，小枝粗壮。叶互生，革质，倒卵形或椭圆状倒卵形，长15~18 cm，宽5~7 cm，全缘，边缘无波纹。伞形花序组成圆锥花序，着生于粗壮的侧生特殊花枝顶端，长8~17 cm；花瓣粉红色或红紫色。果球形，直径5~6 mm，暗红色至紫黑色，具腺点。花期：3~4月；果期：11~12月。

【产地分布】原产于中国广东徐闻及海南岛。广州有栽培。

【生长习性】喜温暖湿润气候。极其耐阴，忌强光直射；忌高温干燥；耐旱。喜肥沃且排水良好的微酸性土壤。

【繁殖方法】播种、分株或扦插繁殖。

【园林用途】叶大深绿色，早春幼叶紫红色，光滑油亮，雅致清秀；花果红色，生于特殊的侧枝上，是极佳的观花、观叶、观果植物。适宜作绿篱，室内盆栽，或于庭院中丛植、群植等。

紫金牛（矮地茶、凉伞盖珍珠、老勿大）

【学名】 *Ardisia japonica* (Thunb) Blume

【科属】 紫金牛科，紫金牛属

【形态简要】 常绿小灌木或亚灌木植物。近蔓生，具匍匐生根的根茎；直立茎长达30 cm，稀达40 cm，不分枝，幼时被细微柔毛，以后无毛。叶对生或近轮生，叶片坚纸质或近革质，椭圆形至椭圆状倒卵形，顶端急尖，基部楔形。花期：5～6月；果期：11～12月，有时5、6月仍有果。

【产地分布】 原产于中国长江流域以南地区。

【生长习性】 喜温暖、湿润环境。喜荫蔽，忌阳光直射。适宜生长于富含腐殖质、排水良好的土壤。

【繁殖方法】 播种或扦插繁殖。

【园林用途】 枝叶常青，入秋后果色鲜艳，经久不凋。能在郁密的林下生长，是一种优良的地被植物，也可作盆栽观赏，亦可与岩石相配作小盆景用，也可种植在高层建筑群的绿化带下层以及立交桥下。

珍珠伞（山豆根、紫绿果、紫背绿）

【学名】*Ardisia maculosa* Mez

【科属】紫金牛科，紫金牛属

【形态简要】常绿小灌木，高1～2 m，稀达6 m。叶坚纸质，互生，椭圆状披针形，长8～14 cm，宽2.8～4.8 cm，先端略尖，具浅圆齿，边缘具腺点。复伞形聚伞花序顶生，通常为两性花；花白色或带红色，通常有腺点。核果球形，红色，顶部有芒刺。花期：4～6月；果期：12月至翌年3月。

【产地分布】原产于中国中部及南部。越南亦有分布。中国云南、广东有栽培。

【生长习性】喜凉爽湿润环境。忌强光；忌高温。喜肥沃、疏松的微酸性土壤。

【繁殖方法】播种、分株或扦插繁殖。

【园林用途】可片植，用作园林观赏植物。

铜盆花（山巴、钝叶紫金牛）

【学名】*Ardisia obtusa* Mez

【科属】紫金牛科，紫金牛属

【形态简要】常绿灌木，株高1～6 m。茎粗壮，除侧生特殊花枝外不分枝。叶互生，坚纸质或略厚，倒披针形或倒卵形，顶端广急尖、钝或圆形，基部楔形，长6～10 cm，宽2～5 cm，全缘。圆锥花序顶生，长5～7 cm，花瓣淡紫色或粉红色。果球形，直径4 mm，黑色。花期：2～4月；果期：4～7月。

【产地分布】原产于中国海南、广东与广西，越南地区亦有分布。广东地区园林绿地有栽培。

【生长习性】喜温暖潮湿气候。略喜光，耐阴；生长适温20～30℃；较耐旱。喜富含腐殖质、排水良好的土壤。

【繁殖方法】播种、扦插或分株繁殖。

【园林用途】树姿婆娑，圆锥花序大而新奇、色彩明丽，且柔顺下垂，是极佳的观花树种。适宜丛植，用于庭园观赏。

鲫鱼胆

【学名】*Maesa perlarius* (Lour.) Merr.

【科属】紫金牛科，杜茎山属

【形态简要】常绿小灌木，高1～3 m。叶片纸质或近坚纸质，广椭圆状卵形至椭圆形，顶端急尖或突然渐尖，基部楔形。总状花序或圆锥花序，腋生，长2～4 cm；花冠白色，钟形；雄蕊在雌花中退化，在雄花中着生于花冠管上部，内藏。果球形，无毛，具脉状腺条纹。花期：3～4月；果期：12月至翌年5月。

【产地分布】原产于中国四川（南部）、贵州至台湾以南沿海地区。越南、泰国亦有分布。

【生长习性】生长在海拔150～1350 m的山坡、路边的疏林或灌丛中湿润的地方。

【繁殖方法】播种繁殖。

【园林用途】乡土树种，用于灌木种植。

华山矾

【学名】*Symplocos chinensis* (Lour.) Druce

【科属】山矾科，山矾属

【形态简要】常绿灌木。嫩枝、叶柄、叶背均被灰黄色皱曲柔毛。叶纸质，椭圆形或倒卵形，长4～7（10）cm，宽2～5 cm，先端急尖或短尖，有时圆，基部楔形或圆形，边缘有细尖锯齿，叶面有短柔毛。圆锥花序顶生或腋生，长4～7 cm，花序轴、苞片、萼外面均密被灰黄色皱曲柔毛；苞片早落；花萼长2～3 mm；花冠白色，芳香。核果卵状圆球形，歪斜。花期：4～5月；果期：8～9月。

【产地分布】原产于中国浙江、福建、台湾、安徽、江西、湖南、广东、广西、云南、贵州、四川等地。

【生长习性】生性强健，栽培容易。以疏松、湿润的砂质壤土为宜。

【繁殖方法】播种或扦插繁殖。

【园林用途】叶色终年亮绿，小花极多且芳香，适合观赏。可孤植或群植。

灰莉 （非洲茉莉、鲤鱼胆、灰刺木）

【学名】*Fagraea ceilanica* Thum.

【科属】马钱科，灰莉属

【形态简要】常绿灌木或小乔木，有时攀缘状，株高可达15 m。小枝粗厚，圆柱形，老枝上叶痕和托叶痕凸起。叶对生，稍肉质，椭圆形或倒卵状椭圆形，长5～25 cm，宽2～10 cm，全缘，叶面深绿色。花序直立顶生，有花1～4朵，花萼钟状；花冠漏斗状，白色，长4～5 cm，有芳香。浆果近圆球状，长3～5 cm，直径2～4 cm，淡绿色，有光泽。花期：4～8月；果期：7月至翌年3月。

【产地分布】原产于中国海南、广东、广西、台湾、云南南部。印度、斯里兰卡、缅甸、泰国、老挝、越南、柬埔寨、印度尼西亚、菲律宾、马来西亚等地也有分布。中国华南园林绿地广为栽培。

【生长习性】喜温暖湿润气候。全日照、半日照均可；生性强健。对土壤要求不严，但以湿润、疏松、肥沃、排水良好的壤土为佳。

【繁殖方法】扦插或播种繁殖。

【园林用途】枝条繁茂，株形紧凑，叶片终年青翠碧绿，油光闪亮，枝条色若翡翠，花大，洁白芳香，是优良的园林观赏树种。适宜庭园观赏，或盆栽室内观赏；因其耐阴抗污染能力强，常作绿地群落下层灌木，或植于立交桥等较荫蔽处。

常见栽培应用的变种或品种有：

'花叶'灰莉（*F. ceilanica* Thum. 'Variegata'）：其叶有不规则的白色、乳白色斑块。

'花叶'灰莉

'花叶'灰莉

'花叶'灰莉

金钩吻 （南卡罗纳茉莉、黄花茉莉、法国香水）

【学名】*Gelsemium sempervirens* (L.) J. St.Hil.

【科属】马钱科，钩吻属

【形态简要】常绿木质藤本，可做灌木栽培，高3～8m。叶对生，披针形，长6cm，全缘，羽状脉，具短柄。花单生或成小型聚伞花序腋生，花冠漏斗状，蕾期覆瓦状，开放后边缘向右覆盖，鲜黄色，具芳香。蒴果，长约2cm。花期：3～5月；果期：7～12月。

【产地分布】原产于南美洲的危地马拉和美国东南部至中美洲。中国广东、台湾有引种栽培。

【生长习性】喜温暖湿润气候。喜光；不耐寒。肥沃条件下生长十分丰茂。

【繁殖方法】扦插繁殖。

【园林用途】花金黄艳丽，清香淡雅，颇受人们喜爱，秋季叶变橙红色，花及秋色叶均有观赏价值。另外，全株含有多种生物碱而有毒，植物汁液对部分人的皮肤能造成强烈的过敏反应，修剪整理时需做好防护措施。可植于庭院或阳台观赏，也可作垂直绿化素材。

云南黄素馨（野迎春）

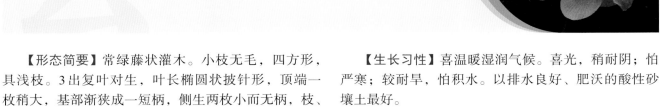

【学名】*Jasminum mesnyi* Hance

【科属】木犀科，素馨属

【形态简要】常绿藤状灌木。小枝无毛，四方形，具浅枝。3出复叶对生，叶长椭圆状披针形，顶端一枚稍大，基部渐狭成一短柄，侧生两枚小而无柄，枝、叶均为深绿色。花通常1～2朵，生叶腋或小枝顶端，淡黄色，径2～4.5 cm。花期：11月至翌年8月；果期：3～5月。

【产地分布】原产于中国四川西南部、贵州、云南。全国各地均有栽培。

【生长习性】喜温暖湿润气候。喜光，稍耐阴；怕严寒；较耐旱，怕积水。以排水良好、肥沃的酸性砂壤土最好。

【繁殖方法】播种或扦插繁殖。

【园林用途】枝条长而柔弱，下垂或攀缘，碧叶黄花，可于堤岸、台地和阶前边缘栽植，特别适用于宾馆、大厦顶棚布置，也可盆栽观赏。

迎春花

【学名】*Jasminum nudiflorum* Lindl.

【科属】木犀科，素馨属

【形态简要】落叶灌木，直立或匍匐，高0.5～5 m。小枝四菱形，绿色，棱上多少具狭翼。叶对生，三出复叶，叶轴具狭翼，小叶片卵形、长卵形或椭圆形，长0.5～3 cm，宽0.2～1.1 cm，其中顶生小叶片较大，侧生小叶稍小。花单生于一年生小枝的叶腋，稀生于小枝顶端，花黄色。花期：2～4月。

【产地分布】原产于中国四川西南部、贵州、云南。中国各地均有栽培。

【生长习性】喜温暖湿润气候。喜光，稍耐阴；略耐寒；忌涝。对土壤要求不严，以疏松肥沃的砂壤土为佳。

【繁殖方法】扦插繁殖。

【园林用途】枝条披垂，冬末至早春先花后叶，花色金黄，叶丛翠绿。宜配置在湖边、溪畔、桥头、墙隅，或在草坪、林缘、坡地，以供早春观花。

茉莉花（茉莉）

【学名】 *Jasminum sambac* (L.) Ait.

【科属】 木犀科，素馨属

【形态简要】 常绿攀缘状灌木，高3m。小枝圆柱形或稍压扁状，有时中空，疏被柔毛。叶对生，单叶，纸质，圆形、椭圆形、卵状椭圆形或倒卵形，长4～12.5cm，宽2～7.5cm，两端圆或钝。聚伞花序顶生，通常有花3朵；花冠白色；花极芳香。果球形，呈紫黑色。花期：5～8月；果期：7～9月。

【产地分布】 原产于印度、伊朗及阿拉伯地区。中国南北各地常见栽培。

【生长习性】 喜温暖湿润气候。喜光，稍耐阴；耐暑热；忌旱惧涝。以土层深厚、疏松肥沃、排水良好的微酸性砂质壤土最为适宜。

【繁殖方法】 扦插繁殖。

【园林用途】 花期长，清香浓郁，为花中珍品。多丛植于路旁和林下；盆栽多可放置于阳台、窗前等，花香清雅，为常绿室内观赏花木。

山指甲（小蜡、黄心柳、水黄杨、千张树）

【学名】*Ligustrum sinense* Lour.

【科属】木犀科，女贞属

【形态简要】常绿灌木至小乔木，株高2 m，最高可达6～7 m。小枝开展，密生黄色短柔毛。叶对生，纸质或薄革质，椭圆形，全缘，长3～7 cm，宽1～3 cm，叶背沿中脉被短柔毛。圆锥花序顶生或腋生，塔形，长4～11 cm；花白色，有芳香。果近球形，直径5～8 mm。花期：3～6月；果期：9～12月。

【产地分布】原产于中国长江流域及其以南各地区。现热带、亚热带地区普遍栽培。

【生长习性】喜高温湿润气候。喜光；耐寒；耐瘠薄；不耐水湿。适宜肥沃的砂质壤土。

【繁殖方法】播种或扦插繁殖。

【园林用途】枝叶繁密，盛花期花开满树，观赏性高，又耐修剪。可作绿篱、绿墙和隐蔽遮挡作绿屏，也可修剪成各种造型，或可孤植、丛植于庭院观赏。

常见栽培应用的变种或品种有：

'银姬'小蜡（花叶山指甲）（*L. sinense* Lour. 'Variegatum'）：叶缘镶有乳白色边环。

'银姬'小蜡

金叶女贞

【学名】 *Ligustrum* × *vicaryi* Hort

【科属】 木犀科，女贞属

【形态简要】 由加州金边女贞与欧洲女贞杂交育成，高2～3 m，冠幅1.5～2 m。单叶对生，叶色金黄，椭圆形或卵状椭圆形，长2～5 cm。总状花序，小花白色。核果阔椭圆形，紫黑色。

【产地分布】 园艺杂交栽培种，中国华南地区有少量栽培。

【生长习性】 性喜光，稍耐阴；耐寒能力较强，不耐高温高湿；抗病力强，很少有病虫危害。

【繁殖方法】 扦插或嫁接繁殖。

【园林用途】 在生长季节叶色呈鲜丽的金黄色，可与其他彩叶植物组成灌木状色块，形成强烈的色彩对比，具极佳的观赏效果，也可修剪成球形。由于其叶色为金黄色，所以大量应用在园林绿化中，主要用来组成图案和建造绿篱。

尖叶木犀榄（锈鳞木犀榄）

【学名】*Olea ferruginea* Royle

【科属】木犀科，木犀属

【形态简要】常绿灌木或小乔木，株高2～10 m。小枝稍四棱形，被锈色鳞毛。单叶对生，近革质，狭披针形至矩圆形，长3～9 cm，宽1～2 cm，叶面深绿色，光亮无毛，叶背密生锈色鳞毛。圆锥花序腋生，长2～5 cm，有锈色皮屑状鳞毛，花冠白色，长2～4 mm。核果椭圆状或近球状，长7～8 mm，成熟时暗褐色。花期：4～8月；果期：8～11月。

【产地分布】原产于印度北部、巴基斯坦、克什米尔和中国云南及四川西部。中国华南地区有栽培。

【生长习性】喜温暖湿润环境。喜光；抗热，耐寒；适应性强，生长快，萌芽力强，耐修剪。以富含有机质、肥沃的壤土为佳。

【繁殖方法】扦插繁殖。

【园林用途】枝繁叶浓，分枝丛密，树形优美；可修剪成千姿百态的观赏树形用于园林观赏。

四季桂 （桂花、木犀）

【学名】*Osmanthus fragrans* (Thunb.) Loureiro var. *semperflorens*

【科属】木犀科，木犀属

【形态简要】常绿灌木，株高3～5 m。树皮灰褐色，小枝黄褐色，无毛。叶对生，革质，长椭圆形或椭圆状披针形，长7～15 cm，宽2.5～5 cm，全缘或上半部具细锯齿，无毛。聚伞花序簇生于叶腋，每腋内有多朵花；花冠乳黄色至柠檬黄色，长3～4 mm，花极芳香。果歪斜，椭圆形，紫黑色，长1～2 cm。四季间断开花。

【产地分布】原产于中国西南部，印度、尼泊尔、柬埔寨也有分布。中国各地广泛栽培。

【生长习性】喜温暖湿润气候。喜光；耐高温，较耐寒；抗逆性强。对土壤的要求不严，以土层深厚、疏松肥沃、排水良好的微酸性砂质壤土最为适宜。

【繁殖方法】播种或扦插繁殖。

【园林用途】树冠圆整，四季常青，花期长且具芳香，对氯气、二氧化硫、氟化氢等有害气体都有一定的抗性。可用于道路两侧、公园、庭院，也可用于工矿区绿化。

沙漠玫瑰

【学名】*Adenium obesum* Roem. et Schult.

【科属】夹竹桃科，天宝花属

【形态简要】常绿灌木，株高4～5 m。树干肿胀，茎粗壮，分枝多。叶互生，革质，倒卵状披针形，长8～12 cm，宽2～4 cm，有光泽，盛花期叶片多脱落。伞形花序顶生，三五成丛，着花3～5朵；花冠高脚碟状，长8～10 cm，外缘桃红色，中心颜色较淡或白色。花期：5～12月。

【产地分布】原产于肯尼亚、坦桑尼亚、津巴布韦。中国广东、广西、福建等地有栽培。

【生长习性】喜高温干旱气候。喜光，不耐阴；不耐寒；忌水湿。喜富含钙质，疏松透气排水良好的砂质壤土。

【繁殖方法】扦插繁殖。

【园林用途】树形奇特，花期长，花色艳丽，有较高的观赏价值。可植于庭院和绿地观赏，也可盆栽。

紫蝉

【学名】*Allamanda violacea* Gardn.et Field.

【科属】夹竹桃科，黄蝉属

【形态简要】半落叶藤状灌木，藤长达3 m。全株有白色体液。叶4枚轮生，长椭圆形或倒卵状披针形，顶端尖，基部楔形。花单生叶腋，花萼绿色，花冠漏斗形，5裂，暗桃红色或淡紫红色。花期：6～11月。

【产地分布】原产于巴西。中国南方部分城市有栽培。

【生长习性】喜高温湿润气候。喜强光；不耐寒；不耐旱。对土壤选择性不严，以肥沃、排水良好、富含腐殖质的壤土或砂质壤土生育最佳。

【繁殖方法】扦插繁殖。

【园林用途】花色鲜艳，柔美而悦目，庭园绿化、水边配置、大型盆栽、围篱或小花棚美化。

常见栽培应用的变种或品种有：

粉蝉（*A. violacea* Gardn. et Field. 'Cherry Jubilee'）：花粉红色。

白蝉（*A. violacea* Gardn. et Field. 'Alba'）：花白色。

粉蝉

白蝉

软枝黄蝉

【学名】*Allamanda cathartica* L.

【科属】夹竹桃科，黄蝉属

【形态简要】常绿藤状灌木，长达4 m。枝条软弯垂，具白色乳汁。叶纸质，通常3～4枚轮生，全缘，倒卵形或倒卵状披针形，端部短尖，基部楔形。聚伞花序顶生；花冠橙黄色，大形，内面具红褐色的脉纹，花冠裂片卵圆形或长圆状卵形，广展，顶端圆形。蒴果球形，表面有软刺。花期：5～9月；果期：9～11月。

【产地分布】原产于巴西。现广泛种植于世界热带地区，中国广东、广西、台湾、福建、云南等地区广为栽培。

【生长习性】喜高温多湿气候。喜阳光充足；不耐寒；不耐旱。对土壤要求不严，以肥沃、排水良好、富含腐殖质的壤土或砂质壤土最佳。

【繁殖方法】扦插繁殖。

【园林用途】重要的园林绿化植物，可用于庭园、道路美化，围篱美化，花棚、花廊、花架、绿篱等栽植美化。

常见栽培应用的变种或品种有：

'小叶'软枝黄婵（*A. cathatica* L. 'Nanus'）：植株较小。叶较小，长3～5 cm，宽不及2 cm。花期：3～8月；果期：10～12月。

'重瓣'软枝黄婵（*A. cathartica* L. 'Williamsii Flore-pleno'）：花冠略小，花瓣裂片数层，重叠而卷曲。

'小叶'软枝黄婵

'小叶'软枝黄婵

'小叶'软枝黄婵

'重瓣'软枝黄蝉

黄蝉（黄兰蝉、硬枝黄蝉）

【学名】*Allamanda schottii* Pohl

【科属】夹竹桃科，黄蝉属

【形态简要】常绿直立灌木，株高1～2 m。枝条灰白色，全株具乳汁。叶3～5枚轮生，长椭圆形或倒卵状披针形。圆锥状聚伞花序顶生；花冠漏斗状，内面具红褐色条纹，管部膨大。蒴果球形，直径约3 cm，具长刺。花期：5～8月；果期：10～12月。

【产地分布】原产于巴西。现广泛栽培于热带地区，中国广东、广西、福建、云南和台湾普遍栽培。

【生长习性】喜高温多湿气候。喜阳光充足；不耐寒；不耐旱。适于肥沃、排水良好的土壤。

【繁殖方法】扦插繁殖。

【园林用途】植株浓密，四季常绿，盛花期花多而密，花色明雅艳丽。适于公园、工矿区、绿地、阶前、山坡、池畔、路旁群植或做花篱。植株有毒，应用时应注意。

林那果（红彩果、刺黄果）

【学名】*Carissa carandas* L.

【科属】夹竹桃科，假虎刺属

【形态简要】常绿灌木，株高 0.5～2 m。茎枝不规则弯曲，无毛，具分叉刺，有白色乳汁。叶对生，革质，宽卵形。聚伞花序顶生，稀腋生，常着花3朵；花冠高脚碟状，白色或稍带玫瑰色，淡香。浆果球形或椭圆形，桃红至红色。花期：3～6月；果期：7～12月。

【产地分布】原产于印度、斯里兰卡、缅甸。中国华南地区有栽培。

【生长习性】喜高温环境。喜阳光充足。适宜排水良好的砂质壤土。

【繁殖方法】播种、扦插或高空压条繁殖。

【园林用途】本种刺长而锐利，其果极为玲珑可爱，为观果之上品。可作围篱，亦可用于庭院美化或盆栽。

红花蕊木

【学名】*Kopsia fruticosa* (Ker) A. DC.

【科属】夹竹桃科，蕊木属

【形态简要】常绿灌木，株高达3 m。叶纸质，椭圆形或椭圆状披针形，长10～16 cm，宽2～6 cm，叶面有光泽。聚伞花序顶生，被微毛；花冠粉红色，花冠筒细长。核果通常单个。花期：4～9月；果期：7～12月。

【产地分布】原产于印度尼西亚、印度、菲律宾和马来西亚。中国广东、云南有栽培。

【生长习性】喜高温的气候。喜光。栽培以富含有机质的砂质壤土为宜。

【繁殖方法】扦插繁殖。

【园林用途】四季常绿，花大而美丽，花色素雅。适宜庭园栽植、围墙边列植。

夹竹桃（红花夹竹桃）

【学名】*Nerium oleander* L.

【科属】夹竹桃科，夹竹桃属

【形态简要】常绿直立大灌木，株高可达5 m。枝条灰绿色，有乳汁，枝条具棱。下部叶对生，上部叶3～4枚轮生，狭披针形，叶缘反卷，长10～15 cm，宽2～3 cm。聚伞花序顶生，着花数朵；花冠深红色或粉红色，有香味。蓇葖果长圆形，离生，栽培很少结果。花期：几乎全年，夏秋为最盛；果期：一般在冬春季，少见结果。

【产地分布】原产于伊朗、印度、尼泊尔。现广泛种植于世界热带地区，中国各地区有栽培，尤以南方为多。

【生长习性】喜温暖湿润气候。喜光；较耐寒；耐盐碱；耐瘠薄；耐干旱，忌水渍。适生于排水良好、肥沃的中性土壤，微酸性、微碱土也能适应。

【繁殖方法】扦插、分株或压条繁殖。

【园林用途】枝叶伸展，花期满树红花，艳丽夺目，抗有毒气体和粉尘，是园林造景重要灌木花卉。可作园林风景树和绿化树，也可作行道树。

常见栽培应用的变种或品种有：

'白花'夹竹桃（*N. oleander* L. 'Album'）：花冠为乳白色，花期全年。

'重瓣'夹竹桃（*N. oleander* L. 'Plenum'）：花顶生，粉红色，聚伞花序或总状花序，重瓣。

'粉花'夹竹桃（*N. oleander* L. 'Roseum'）：花瓣粉红色。

'金边'夹竹桃（*N. oleander* L. 'Variegatum'）：叶边缘呈不规则黄色。

'白花'夹竹桃

'白花'夹竹桃

'重瓣'夹竹桃

'重瓣'夹竹桃

'粉花'夹竹桃

'粉花'夹竹桃

'金边'夹竹桃

'金边'夹竹桃

夹竹桃科

269

戟叶鸡蛋花（匙叶缅栀、缅雪花）

【学名】*Plumeria pudica* Jacq.

【科属】夹竹桃科，鸡蛋花属

【形态简要】落叶灌木至小乔木，高 3～5 m，最高可达 8 m。枝条粗壮，带肉质，具丰富乳汁，无毛。叶互生，簇生枝端、全缘、薄革质、戟形或匙形，长20～30 cm，宽2～5 cm，顶端短渐尖或突尖。聚伞花序顶生，花冠白色。蓇葖果双生，圆筒形。花期：5～10月；果期：7～12月。

【产地分布】原产于巴拿马、哥伦比亚、委内瑞拉。中国南方各地有栽培。

【生长习性】喜高温高湿气候。喜光；畏寒冷；抗碱性；耐干旱，忌涝渍。喜排水良好的酸性土壤。

【繁殖方法】播种或扦插繁殖。

【园林用途】树姿屹立傲然，叶形奇特，花大而白，多而锦簇，高雅洁净，清新绝俗，宜道路绿化、庭园美化或大型盆栽。

红鸡蛋花

【学名】*Plumeria rubra* L.

【科属】夹竹桃科，鸡蛋花属

【形态简要】落叶灌木或小乔木，高4～5 m。枝条粗壮，稍肉质，乳汁丰富，无毛。叶互生，革质，长圆状倒披针形生于分枝上部，长15～30 cm，宽6～10 cm。聚伞花序顶生，着花多数；花冠高脚碟状，深红色，裂片左旋覆瓦状排列，有淡香。蓇葖果双生，圆筒形，长10～20 cm，淡绿色无毛。花期：3～9月；果期：一般为7～12月，栽培极少结果。

【产地分布】原产于美洲热带地区。现广泛种植于亚洲热带及亚热带地区，中国南方各地广为栽培。

【生长习性】喜高温湿润气候。全日照或半日照均能正常生长；耐干旱，忌涝渍；抗盐碱。适宜肥沃深厚、通透性良好、富含有机质的酸性砂质壤土。

【繁殖方法】扦插繁殖。

【园林用途】树形美观，叶浓密葱绿，春季落叶，夏初再发新叶；成龄树干苍劲挺拔，很有气势；花期长，花多色艳，优雅别致，清香淡雅，有极高的观赏价值。可用于公园、庭院、草坪等的绿化、美化。

常见栽培应用的变种或品种有：

鸡蛋花（ *P. rubra* L. 'Acutifolia'）：叶厚纸质，长圆状倒披针形或长椭圆形，顶端短渐尖，基部狭楔形。聚伞花序顶生，花冠外面白色，内面黄色。

'三色'鸡蛋花（ *P. rubra* L. 'Tricolor'）：花瓣中央为淡黄色，一边紫色，一边白色，三色相间。

鸡蛋花

鸡蛋花

鸡蛋花

鸡蛋花

'三色'鸡蛋花

'三色'鸡蛋花

四叶萝芙木（异叶萝芙木）

【学名】*Rauvolfia tetraphylla* L.

【科属】夹竹桃科，萝芙木属

【形态简要】常绿灌木，高达1.5～2 m。枝有微软毛到无毛，在节上及叶柄间具腺体。四叶轮生，大小不等，膜质，卵圆形，卵状椭圆形。花序顶生或腋生，花冠坛状，白色。果实球形或近球形，由2个核果合生而成，从绿色转红色，到成熟时为黑色。花期：5月；果期：6～8月。

【产地分布】原产于南美洲。中国广东、广西、海南和云南均有栽培。

【生长习性】喜高温高湿气候。喜半阴；不耐寒，广州冬天嫩梢受害。喜肥沃、排水良好的土壤。

【繁殖方法】播种繁殖。

【园林用途】树形优美，果实随成熟度颜色在绿、红、黑间交替，具有较高观赏价值，为良好的观形、观果灌木。

旋花羊角拗

【学名】*Strophanthus gratus* (Wall. et Hook.) Baill

【科属】夹竹桃科，羊角拗属

【形态简要】常绿攀缘灌木。枝干粗壮，枝条伸长呈半蔓性，幼枝墨紫色，老枝条具纵条纹。叶互生，厚纸质，长圆状椭圆形，顶端急尖，基部圆形或宽楔形，全缘，富光泽，长9～15 cm，宽4～7.5 cm。聚伞形花序顶生，花冠白色，喉部染红色，具短花梗，花6～8朵。花期：2月。

【产地分布】原产于热带非洲。中国广东、云南西双版纳、台湾有栽培。

【生长习性】喜高温多湿气候。喜半阴；不耐寒。喜肥沃、排水良好的土壤。

【繁殖方法】播种、扦插、压条或分株繁殖。

【园林用途】优良的地被植物，适合篱蔓美化或大型盆栽，也可覆盖山石或于疏林下种植以美化和保持水土。

狗牙花

【学名】*Tabernaemontana divaricata* (L.) Burk.

【科属】夹竹桃科，马蹄花属

【形态简要】常绿灌木，株高常达3 m。枝和小枝灰绿色，萼片有缘毛外，其余部位无毛。叶对生，坚纸质，椭圆形或长椭圆形，长5～12 cm，宽1～4 cm，叶面有光泽。聚伞花序腋生，常双生，有花2～3朵；花冠白色，单瓣，有芳香。蓇葖果长圆形，叉开并向外弯。花期：6～11月；果期：秋季。

【产地分布】原产于中国云南。现亚洲热带、亚热带地区广植。中国广东、广西、台湾等地区有栽培。

【生长习性】喜温暖湿润气候。喜光，耐阴；耐旱；耐瘠薄。适宜肥沃、湿润的砂质壤土。

【繁殖方法】播种或扦插繁殖。

【园林用途】树姿整齐，花期叶绿花白、清雅素洁。

道路、公园、庭院常用灌木种类，群植或列植。

常见栽培应用的品种有：

'矮生'狗牙花 [T. divaricata（L.）Burk. 'Dwarf']：常绿灌木，高可达1 m。树形紧凑。叶对生，长椭圆状披针形，全缘。花白色，花期6～11月。原产中南半岛。

'重瓣'狗牙花 [*Tabernaemontana divaricata* (L.) Burk. 'Flore Pleno']：花重瓣。

'金叶'狗牙花 [T. divaricata（L.）Burk. 'Golden Rain']：叶缘具不规则金黄色边缘。

'花叶'狗牙花 [T. divaricata（L.）Burk. 'Silver Rain']：叶缘具不规则银白色边缘。

'矮生'狗牙花

'矮生'狗牙花

'重瓣'狗牙花

'金叶'狗牙花

'花叶'狗牙花

'花叶'狗牙花

'花叶'狗牙花

黄花夹竹桃

【学名】*Thevetia peruviana* (Pers.) K. Schum.

【科属】夹竹桃科，黄花夹竹桃属

【形态简要】常绿灌木至小乔木，株高2～5 m。小枝下垂，全株具丰富乳汁。叶互生，近革质，无柄，线状披针形，两端长尖，长10～15 cm，宽5～12 mm，光亮。聚伞花序顶生，花大，漏斗状，黄色，长4～5 cm，具香味。核果坚硬，扁三角状球形，生时亮绿色，干后黑色。花期：5～12月；果期：8月至翌年春季。

【产地分布】原产于热带美洲。现热带和亚热带地区均有栽培，中国南方普遍栽培。

【生长习性】喜高温湿润气候。喜光，耐半阴；抗风；抗大气污染。不择土质。

【繁殖方法】播种或扦插繁殖。

【园林用途】枝繁叶茂，叶色翠绿，花大色艳，花期长，观赏性高。可植于公园和绿地作风景树，也可修剪为绿篱。

常见栽培应用的变种或品种有：

红酒杯花 [*T. peruviana* (Pers.) K. Schum. 'Aurantiaca']：花冠红色，中国南方地区有栽培。

红酒杯花

红酒杯花

马利筋（莲生桂子花、羊角丽）

【学名】*Asclepias curassavica* L.

【科属】萝藦科，马利筋属

【形态简要】多年生直立草本，灌木状，株高0.5～2 m。茎基部半木质化，直立，茎节明显，不具分枝或仅先端有分枝。全株含白色乳汁，幼枝被细柔毛。叶对生，纸质，披针形至椭圆状披针形，长5～15 cm，宽1～4 cm，叶面呈有光泽的绿色，叶背淡绿色。聚伞花序顶生或腋生，着花10～20朵；花紫红色。蓇葖果披针形。花期：6～11月，在广州几乎全年开花；果期：8～12月。

【产地分布】原产于西印度群岛。现广植于世界各热带及亚热带地区，中国南北各地常见栽培。

【生长习性】喜温暖湿润气候，通风良好的干燥环境。喜阳光充足。不择土壤。

【繁殖方法】播种或扦插繁殖。

【园林用途】叶片翠绿挺拔，花序秀美，小花密集，复色花朵金黄朱红相叠，十分引人注目。可用于庭植、花坛栽植、切花和盆栽。其全株有毒，应用时需注意。

常见栽培应用的变种或品种有：

'黄冠'马利筋（*A. curassavica* L. 'Flaviflora'）：花冠黄色，中国广东南部和广西西部均有栽培。

'黄冠'马利筋

'黄冠'马利筋

橡胶紫茉莉（橡胶藤、桉叶藤）

【学名】*Cryptostegia grandiflora* R. Brown

【科属】萝藦科，桉叶藤属

【形态简要】落叶蔓性灌木或藤本，茎长3～10 m。枝条有灰色皮孔，含乳汁。叶对生，革质，卵形至椭圆形，长7～10 cm，宽3～5 cm。花大，紫红色，长约7 cm。果三角状卵形，种子多数，有绢毛。花期：5～7月；果期：10～12月。

【产地分布】原产于马达加斯加。中国广东和福建有栽培。

【生长习性】喜高温湿润气候。喜光；不耐寒。对土壤要求不高，在透气性良好的土壤上生长良好。

【繁殖方法】扦插繁殖。

【园林用途】花朵艳丽，叶色浓郁，姿态优美，生长迅速。道路、公园、庭院花灌木种植，也可用于花架、花廊。

钝钉头果（气球果、唐棉）

【学名】 *Gomphocarpus physocarpus* E. Mey.

【科属】 萝藦科，钉头果属

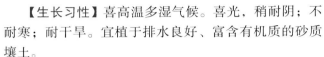

【形态简要】 灌木，株高达2 m。具乳汁，茎具微毛。叶线形，形似柳叶，长5～10 cm，宽5～8 mm。聚伞花序生于枝的顶端叶腋间，长4～6 cm，着花多朵；花白色至淡黄色。蓇葖果黄绿色，肿胀似气球，卵圆状，外果皮具软刺。花期：4～6月；果期：7～9月。

【产地分布】 原产于非洲热带。中国华南地区有栽培。

【生长习性】 喜高温多湿气候。喜光，稍耐阴；不耐寒；耐干旱。宜植于排水良好、富含有机质的砂质壤土。

【繁殖方法】 播种或扦插繁殖。

【园林用途】 果形奇特，果表面有粗毛，似钉子锤入，也极像充气膨胀的小气球。可栽培于庭院中点缀，其切枝也可用于插花。

水杨梅（水团花、水杨柳）

【学名】 *Adina pilulifera* (Lam.) Franch. ex Drake

【科属】 茜草科，水团花属

【形态简要】 落叶小灌木，高1～1.5 m。小枝细长，红褐色，被柔毛；老枝无毛。叶互生，纸质，叶片卵状披针形或卵状椭圆形；叶柄极短或无；托叶2，与叶对生，三角形；侧脉稍有白柔毛。头状花序球形，顶生或腋生，直径1.5～2 cm；总花梗长2～3 cm，被柔毛。蒴果楔形，长约3 mm，成熟时带紫红色，集生成球状。花期：6～7月；果期：9～10月。

【产地分布】 原产于中国长江以南各地区。

【生长习性】 喜温暖湿润的气候。喜阳光充足的环境；较耐寒，不耐高温；不耐干旱，耐水淹。以肥沃酸性的砂壤土为佳。

【繁殖方法】 扦插或播种繁殖。

【园林用途】 枝条披散，婀娜多姿，紫红色的球状花吐出长蕊，秀丽夺目，且极耐水湿，具有水质净化功能，是湖滨绿化的优良树种，尤其适用于低洼地、池畔和塘边布置，可作花径绿篱，也是制作景观树和盆景的好材料。

流星火焰花（繁星花）

【学名】*Carphalea kirondron* **Baill.**

【科属】茜草科，繁星花属

【形态简要】常绿灌木，株高0.3～0.5 m。茎直立，分枝力强，幼茎密被柔毛。叶对生，膜质，长椭圆形或长披针形。聚伞形花序顶生，萼片红色，小花呈筒状，4裂，白色。花期：3～11月；广州未见结果。

【产地分布】原产于马达加斯加。中国海南、广东、云南南部地区有栽培。

【生长习性】喜高温高湿气候。喜光；不耐寒。宜在肥沃、排水良好的土壤上生长。

【繁殖方法】扦插繁殖。

【园林用途】数十朵聚生成团，花量大，艳丽悦目，花期长。可用于庭院片植或道路绿化，作灌木和地被使用，也可盆栽及布置花台、花坛及景观布置。

栀子（栀子花、水横枝、黄果子）

【学名】*Gardenia jasminoides* Ellis

【科属】茜草科，栀子属

【形态简要】常绿灌木，株高0.5～3 m。小枝圆柱形，被硬毛，灰色；嫩枝常被短毛。叶对生或3叶轮生，革质，长圆状披针形、倒卵状长圆形、倒卵形或椭圆形，长3～25 cm，宽1～8 cm。花单生于枝顶，白色，芳香，直径5 cm。果卵形至长椭圆形，黄色或橙红色，长2～4 cm，有翅状纵棱5～9条。花期：3～7月；果期：5月至翌年2月。

【产地分布】原产于中国华东、华中、华南至西南各地。日本、朝鲜、越南、老挝、柬埔寨、印度、尼泊尔、巴基斯坦，太平洋岛屿和美洲北部有栽培。中国南方地区广为栽培。

【生长习性】喜温暖湿润气候。喜光；耐寒；较耐旱，忌积水。适生于肥沃湿润、排水良好的酸性土壤。

【繁殖方法】扦插、分株、压条或播种繁殖。

【园林用途】花大而美丽、芳香，花色洁白，芳香馥郁。可栽于庭园供观赏，亦可做盆景植物。

常见栽培应用的变种或品种有：

白蟾 [*G. jasminoides* Ellis var. *fortuniana*（Lindl.）Hara]：亦叫白蝉，花大而重瓣，美丽。

'斑叶'栀子花（*G. jasminoides* Ellis 'Aureo-Variegata'）：叶缘不规则金黄化，植株大多比较低矮。

白蟾

白蟾

栀子

白蟾

'斑叶'栀子花

'斑叶'栀子花

希茉莉（长隔木、希美丽）

【学名】*Hamelia patens* Jacq.

【科属】茜草科，长隔木属

【形态简要】常绿灌木，株高2～4 m。植株红色，枝条柔软，嫩部被灰色短柔毛。叶常3枚轮生，椭圆状卵形至长圆形，长7～20 cm。聚伞花序，顶生，有3～5个放射状分枝；花无梗，沿着花序分枝的一侧着生，橘红色。浆果卵圆状，直径6～7 mm，暗红色或紫色。花期：5～10月。

【产地分布】原产于中、南美洲。中国南部和西南部广为栽培。

【生长习性】喜高温高湿气候。喜光，稍耐阴；不耐寒；不耐干旱，忌积水。对土壤要求不严，但以保水性良好的微酸性肥沃砂质壤土为佳。

【繁殖方法】扦插繁殖。

【园林用途】本种生长快，耐修剪，树冠优美，花期长，温度适宜可全年开花，观赏价值较高。可用于庭院、绿地栅栏、矮墙和道路分隔带绿化。

龙船花（卖子木、仙丹）

【学名】*Ixora chinensis* Lam.

【科属】茜草科，龙船花属

【形态简要】常绿灌木，高0.5～2 m。叶对生，有时由于节间距离极短几成4枚轮生，披针形或长圆状披针形，长5～15 cm，宽2～4 cm。聚伞花序顶生，具多数花；花高脚碟状，橙红色，盛开时长2～3 cm。核果近球形，双生，中间有1沟，成熟时红黑色。花期：5～9月；果期：秋季。

【产地分布】原产于中国广东、香港、广西和福建。越南、菲律宾、马来西亚、印度尼西亚等热带地区也有分布。中国华南地区广为栽培。

【生长习性】喜温暖湿润气候。喜光，耐荫蔽；耐高温，不耐寒；耐干旱；耐瘠薄。栽培以富含腐殖质、疏松和排水良好的砂质壤土为佳。

【繁殖方法】扦插繁殖。

【园林用途】四季常绿，盛花期花团锦簇，色彩艳丽，娇艳夺目，是重要的园林花灌木。道路、公园、庭院绿化均适宜，片植、孤植、丛植或布置花坛。

常见栽培应用的变种或品种有：

重瓣龙船花（*I.* 'Crimson Star'）：花重瓣。

重瓣龙船花

重瓣龙船花

黄花龙船花

【学名】*Ixora coccinea* L. f. *lutea*

【科属】茜草科，龙船花属

【形态简要】矮小灌木，高 0.8～1 m。叶纸质或稍厚，椭圆形至狭长圆形，顶端短尖或钝；叶柄较短。伞房状聚伞花序顶生，三歧分叉；花 4 数；花冠乳黄至金黄色，高脚碟状，筒部细长。果近球形。花期：5～10 月。

【产地分布】原产于印度。现世界各地广泛栽培，中国南方各地广为栽培。

【生长习性】喜高温高湿气候。喜光，稍耐阴；耐高温，不耐寒。栽培以富含腐殖质、疏松和排水良好的砂质壤土为佳。

【繁殖方法】扦插或高压繁殖。

【园林用途】花团锦簇，色彩艳丽，娇艳夺目，是重要的园林花灌木。道路、公园、庭院绿化均适宜，片植、孤植、丛植或布置花坛。

常见栽培应用的变种或品种有：

'杏黄'小叶龙船花（*I. coccinea* L. 'Apricot Gold'）；高约 2 m，花冠杏黄色。原产热带亚洲和非洲。中国华南地区有引种栽培。

'杏黄'小叶龙船花

'杏黄'小叶龙船花

大王龙船花

【学名】 *Ixora duffii* T. Moore 'Super King'

【科属】 茜草科，龙船花属

【形态简要】常绿灌木，株高1.5 m。叶卵状披针形或长圆状披针形，先端突尖。花冠红色，花亭直径达15 cm以上，裂片短尖。花期：5～10月。

【产地分布】园艺栽培品种。中国华南地区广泛栽培。

【生长习性】喜高温湿润气候。喜光，稍耐阴；耐高温；耐旱。栽培以富含腐殖质、疏松和排水良好的砂质壤土为佳。

【繁殖方法】扦插或高压繁殖。

【园林用途】花团锦簇，色彩艳丽。适合庭院中孤植、丛植或布置花坛，也可作切花材料。

矮龙船花（矮仙丹花）

【学名】*Ixora williamsii* Sandw.

【科属】茜草科，龙船花属

【形态简要】常绿灌木，高达1 m。叶对生，纸质，椭圆形至椭圆状披针形，顶端渐尖至圆钝。花序顶生，排成聚伞花序；花4数；花冠红色或橙黄色。花期：夏秋季。

【产地分布】园艺杂交种。中国华南地区广泛栽培。

【生长习性】喜高温、湿润气候。喜光，耐半阴；不耐寒。栽培以富含腐殖质、疏松和排水良好的砂质壤土为佳。

【繁殖方法】扦插或高压繁殖。

【园林用途】四季常绿，盛花期花团锦簇，素雅美丽，为优良的观赏花卉。适合庭院中孤植、丛植或布置花坛。

常见栽培应用的变种或品种有：

'矮粉'龙船花（*I. williamsii* Sandw. 'Dwarf Pink'）：植株矮小，花小，粉红色。花期：夏秋季。

'矮黄'龙船花（*I. williamsii* Sandw. 'Dwarf Yellow'）：植株矮小，花黄色。

'小叶'龙船花（*I. williamsii* Sandw. 'Sunkist'）：植株矮小，花橙红色，盛花期花序几乎遮盖了枝叶，是本属植物中开花最盛的栽培品种之一。

'矮粉'龙船花

'矮黄'龙船花

'小叶'龙船花

红纸扇

【学名】*Mussaenda erythrophylla* Schumach. et Thonn.

【科属】茜草科，玉叶金花属

【形态简要】半落叶灌木，高1～3 m。枝条密被棕色长柔毛。叶对生或轮生，纸质，披针状椭圆形，长5～9 cm，宽3～5 cm，两面被稀柔毛，叶脉红色。聚伞花序顶生；花萼的裂片中1枚萼片扩大成叶状，深红色，卵圆形，长3～5 cm，被红色柔毛，有纵脉5条；花冠小，白色漏斗状，筒部红色，檐部淡黄白色。花期：9～11月；少结果。

【产地分布】原产于西非。中国广东、海南、台湾、云南等地有栽培。

【生长习性】喜高温高湿气候。喜半阴环境；不耐寒。宜肥沃的酸性土壤。

【繁殖方法】扦插繁殖。

【园林用途】本种变态的叶状红色萼片点缀着白色小花，迎风摇曳，甚为美观。可配置于林下，草坪周围或庭院内，也可盆栽。

粉纸扇（粉萼金花）

【学名】*Mussaenda hybrida* Hort 'Alicia'

【科属】茜草科，玉叶金花属

【形态简要】半落叶灌木，高1～2 m。叶对生，革质，长卵形，长8～10 cm，叶脉在上面明显凹陷。聚伞花序顶生；花萼的5枚裂片均扩大成粉红色花瓣状；花冠金黄色，喉部红色。花期：6～10月。

【产地分布】原产于西非。中国广东南部、云南南部、台湾有栽培。

【生长习性】喜高温高湿气候。喜光；不耐寒；耐旱，忌长期积水或排水不良。适宜排水良好的土壤或砂质壤土。

【繁殖方法】扦插繁殖。

【园林用途】优良木本花卉，盛花期满树粉红色花朵鲜艳夺目，金黄色小花小巧夺目。适合道路、公园、庭院绿化、孤植、列植或群植栽培，也可盆栽观赏。

白纸扇

【学名】*Mussaenda philippica* A. Rich 'Aurora'

【科属】茜草科，玉叶金花属

【形态简要】常绿灌木，高1～3 m。叶对生，椭圆形，长6～10 cm，先端渐尖。伞房状聚伞花序顶生；花萼的5枚裂片均扩大成白色花瓣状；花冠金黄色，高脚碟形。花期：6～10月；果期：9～12月

【产地分布】栽培品种，热带地区广泛栽培，中国南方各地有栽培。

【生长习性】喜温暖至高温高湿气候。喜光；不耐寒；不耐旱。宜富含腐殖质的砂质壤土。

【繁殖方法】扦插繁殖。

【园林用途】优良木本花卉，盛花期满树白色花朵明亮夺目，金黄色小花小巧夺目。适合道路、公园、庭院绿化，孤植、列植或群植栽培，也可盆栽观赏。

玉叶金花

【学名】 *Mussaenda pubescens* Ait. f.

【科属】 茜草科，玉叶金花属

【形态简要】 常绿藤本，可做灌木栽培。嫩枝被贴伏短柔毛。叶对生或轮生，膜质或薄纸质，卵状长圆形或卵状披针形，长5～8 cm，宽2～2.5 cm。聚伞花序顶生，密花；苞片线形，有硬毛；花梗极短或无梗；花萼管陀螺形；花叶阔椭圆形，长2.5～5 cm，宽2～3.5 cm，有纵脉5～7条，两面被柔毛；花冠黄色，花冠管长约2 cm，花冠裂片长圆状披针形，内面密生金黄色小疣突；花柱短，内藏。浆果近球形。花期：6～7月。

【产地分布】 原产于中国广东、香港、海南、广西、福建、湖南、江西、浙江、台湾。

【生长习性】 耐阴；适应性强，生长速度快，萌芽力强，极耐修剪，在较贫瘠及阳光充足或半阴湿环境都能生长。

【繁殖方法】 扦插或播种繁殖。

【园林用途】 花期长，花型奇特，枝条细软，可作造型盆景、垂直绿化，有绿化美化环境、净化空气、涵养水源、保持水土、改善生态环境等重要作用。

九节

【学名】*Psychotria asiatica* L.

【科属】茜草科，九节属

【形态简要】常绿灌木，高1～2 m。枝圆柱状。叶对生，纸质，矩圆形、椭圆状或倒披针形矩圆形，长8～20 cm，顶端短渐尖或急尖，侧脉7～11对，网脉不明显；托叶短，不裂，膜质，很快脱落。聚伞花序通常顶生，多花，总花梗常极短；花小，白色，花药露出。花果期：全年。

【产地分布】原产于中国浙江、福建、台湾、湖南、广东、香港、海南、广西、贵州、云南等地区。

【生长习性】喜温暖湿润气候。全日照、半日照均可。对土壤要求不严，但以湿润、疏松、肥沃、排水良好的壤土为佳。

【繁殖方法】扦插或播种繁殖。

【园林用途】枝条繁茂，株形紧凑，叶片终年青翠碧绿，油光闪亮，枝条色若翡翠，是优良的乡土观赏树种，适宜庭园观赏；因其耐阴能力强，也常作绿地群落下层灌木，或植于立交桥等较荫蔽处。

五星花（繁星花）

【学名】*Pentas lanceolata* (Forsk.) K. Schum.

【科属】茜草科，五星花属

【形态简要】直立亚灌木，高30～70 cm。叶卵形、椭圆形或披针状长圆形，长3～15 cm，宽1～5 cm，顶端短尖，基部渐狭成短柄。聚伞花序密集，顶生；花无梗，二型，花柱异长；花冠淡紫色，喉部被密毛，冠檐开展。花期：夏秋季。

【产地分布】原产于非洲热带和阿拉伯地区。中国南部地区有栽培。

【生长习性】喜暖热气候。喜光；耐高温；不耐水湿。喜肥沃、排水良好的壤土。

【繁殖方法】播种繁殖。

【园林用途】花团簇拥，花期持久，艳丽悦目，有粉红、绯红、桃红、白等花色，适用于盆栽及布置花台、花坛及景观布置。

常见栽培应用的变种或品种有：

粉五星花 [*P. lanceolata* (Forsk.) K.Schum 'Bright Pink']：花色为粉红色。

红五星花 [*P. lanceolata* (Forsk.) K.Schum 'Coccinea']：花色为绯红色或桃红色。

紫五星花 [*P. lanceolata* (Forsk.) K.Schum 'Violet']：花色为紫色。

红五星花

粉五星花

紫五星花

银叶郎德木（美王冠、白背郎德木）

【学名】*Rondeletia leucophylla* Kunth

【科属】茜草科，郎德木属

【形态简要】常绿灌木，高1～2 m。叶对生，叶片细长，披针形，正面绿色有光泽，背面带银白色。花较小，漏斗状或高脚碟状，粉红色，簇生于枝端，近球形，淡香。花期：9月至翌年6月。

【产地分布】原产于热带美洲墨西哥。中国香港、台湾、广东、云南南部等地有栽培。

【生长习性】喜高温高湿气候。喜光，耐半阴；耐高温，不耐寒；耐旱。适宜排水良好的土壤。

【繁殖方法】扦插繁殖。

【园林用途】株形优美，花期长，耐修剪。适合庭院、公园内布置，可作地被、花境、绿篱或盆栽等。

郎德木

【学名】*Rondeletia odorata Jacq.*

【科属】茜草科，郎德木属

【形态简要】常绿灌木，高达2m。叶对生，革质，粗糙，卵形、椭圆形或长圆形，顶端钝或短尖，基部钝或近心形，边缘背卷，叶两面常皱，背面被疏柔毛。聚伞花序顶生，有花数朵至多朵，被棕黄色柔毛；花直径约1cm，有花梗；花冠鲜红色，喉部带黄色。蒴果球形，密被柔毛。花期：7～9月。

【产地分布】原产于古巴、巴拿马、墨西哥等地。现世界热带地区广为栽培。中国广东和香港有栽培。

【生长习性】喜温暖湿润的气候。喜光，耐半阴；耐高温，不耐寒；耐干旱，忌涝。栽培以富含有机质、疏松的砂质壤土为佳。

【繁殖方法】扦插繁殖。

【园林用途】终年常绿，枝叶扶疏、披散，花团锦簇，花期长，从夏季到秋末可不断开花，花橙色、艳丽，极富异国情调。主要用于布置花池、墙隅，丛植或作花篱栽培。

水锦树（猪血木、饭汤木、双耳蛇、牛伴木）

【学名】*Wendlandia uvariifolia* Hance

【科属】茜草科，水锦树属

【形态简要】常绿灌木或小乔木，株高2～15 m。叶对生，纸质，长椭圆形或倒卵形，间有近圆形的，长5～25 cm，宽5～15 cm，背面密被灰褐色柔毛。圆锥状聚伞花序顶生，分枝广展，多花；无花梗，常数朵簇生，花冠漏斗状，白色。蒴果小，球形。花期：1～5月；果期：4～10月。

【产地分布】原产于中国海南、广东、广西、台湾、云南、贵州，越南亦有分布。

【生长习性】喜温暖湿润气候。喜光，较耐阴。适宜深厚肥沃、湿润的砂质壤土。

【繁殖方法】播种或扦插繁殖。

【园林用途】花、叶均具观赏价值。适于暖地庭园栽植，亦可用于沟谷、坡地的绿化美化；易成活，宜作庭院配置植物。

大花六道木

【学名】*Abelia* × *grandiflora* (André) Rehd.

【科属】忍冬科，六道木属

【形态简要】落叶灌木，高0.5～1.5 m。幼枝红褐色，被短柔毛。叶片较小，长圆形或长圆状披针形，墨绿色，有光泽，长2～4 cm。数朵花组成圆锥花序，单生于叶腋或花枝顶端，花小，漏斗形，花形优美，花冠钟状，花粉白色。花期：6～11月。

【产地分布】栽培杂交种，在中国华南地区有栽培。

【生长习性】喜温暖气候。喜光；耐干旱；耐修剪；耐瘠薄。对土壤要求不高，适应性强。

【繁殖方法】扦插繁殖。

【园林用途】枝条柔顺下垂，树姿婆娑，开花时节满树白花，玉雕冰琢，晶莹剔透；白花凋谢后，红色的花萼还可宿存至冬季，极为壮观；可用于园中配植，或作绿篱和花境群植。

蝶花荚蒾

【学名】*Viburnum hanceanum* Maxim.

【科属】忍冬科，荚蒾属

【形态简要】常绿灌木，高可达 2 m。叶纸质，卵圆形或椭圆形，长 4～8 cm，顶端圆形而微凸头，基部圆形至宽楔形，边缘基部除外具整齐而稍带波状的锯齿。聚伞花序伞形式，直径 5～7 cm，自总梗向上逐渐变无毛，花稀疏，外围有 2～5 朵白色、大型的不孕花。果实红色，稍扁，卵圆形。花期：3～5 月；果期：8～9 月。

【产地分布】原产于中国广东中部、广西、湖南、江西南部和福建。

【生长习性】喜温暖湿润气候。喜半阴；抗寒性较强；耐干旱。对土质要求不严，宜排水良好、疏松肥沃的砂质土壤。保持土壤湿度，生长更繁茂。

【繁殖方法】播种、分株或扦插繁殖。

【园林用途】夏季绿荫浓郁，陪衬着团团白花，显得苍翠秀丽，花后果实鲜红诱人，是花、果、叶俱美的观赏花木。公园、庭院丛植、列植、片植、孤植均可。

珊瑚树 （法国冬青、极香荚蒾）

【学名】*Viburnum odoratissimum Ker-Gawl.*

【科属】忍冬科，荚蒾属

【形态简要】常绿灌木或小乔木，高10～15 m。枝灰色或灰褐色，有凸起的小瘤状皮孔。叶革质，倒卵状矩圆形至矩圆形，边缘常有较规则的波状浅钝锯齿，长7～16 cm。圆锥花序顶生或生于侧生短枝上，宽尖塔形；花芳香，通常生于序轴的第二至第三级分枝上；花冠白色，后变黄白色，有时微红色，辐状；柱头头状，不高出萼齿。果实先红色后变黑色，卵圆形或卵状椭圆形。花期：4～5月；果期：7～9月。

【产地分布】原产于中国广东、海南、广西、湖南、福建。印度、缅甸、泰国和越南地区有分布。园林绿地常见栽培。

【生长习性】喜温暖湿润气候。喜光，稍耐阴；稍耐寒；耐修剪；抗有毒气体。宜湿润肥沃中性土壤，酸性或微碱性土壤也能生长。

【繁殖方法】播种或扦插繁殖。

【园林用途】夏季繁花似锦，秋季硕果累累，为中国南方重要的乡土园林树种。道路、公园、庭院、工矿区理想绿化树种，也可作绿篱。

常见栽培应用的变种或品种有：

日本珊瑚树 [*V. odoratissimum* Ker-Gawl. var. *awabuki* (K. Koch) Zabel ex Rumpl.]：叶倒卵状矩圆形至矩圆形，顶端钝或急狭而钝头，基部宽楔形，边缘常有较规则的波状浅钝锯齿。圆锥花序通常生于具两对叶的幼枝顶；花柱较细，柱头常高出萼齿。果核通常倒卵圆形至倒卵状椭圆形，长6～7 mm。其他性状同珊瑚树。花期：5～6月；果期：9～10月。

日本珊瑚树

'红王子'锦带花

【学名】*Weigela florida* (Bunge) A. DC. 'Red Prince'

【科属】忍冬科，锦带花属

【形态简要】落叶灌木，株高1～25 m。枝条开展成拱形。叶阔椭圆形、椭圆形或倒卵形，长7～12 cm，顶端尾状，基部阔楔形，边缘具钝锯齿。聚伞花序生于叶腋或枝顶，花冠漏斗状钟形，鲜红色，着花繁茂，艳丽而醒目。花期：4～9月；果期：6～10月。

【产地分布】园艺栽培品种。中国浙江、江苏、山东、广东广州等地常见有栽培。

【生长习性】喜温暖湿润气候。喜光；较抗寒；抗旱性强，怕涝。喜肥沃、湿润排水良好的砂质土壤。

【繁殖方法】播种、扦插、分株或压条繁殖。

【园林用途】枝叶茂密，花冠红色，艳丽悦目，花朵密集。适宜庭院墙隅、湖畔、树丛林缘作花篱群植，也可点缀于假山、坡地。

蓝花丹（蓝雪花、花绣球、蓝茉莉）

【学名】*Plumbago auriculata* Lam.

【科属】白花丹科，白花丹属

【形态简要】常绿柔弱亚灌木，高约1 m。茎细长，枝条伸长后呈半蔓性，易下垂。叶互生，单叶全缘，薄，菱状卵形至狭长卵形，长3～6 cm，具短柄，叶端钝，渐尖略凹，叶基渐狭。花序呈穗状顶生；花萼筒状，外面有黏腺体；花冠高脚碟状，浅蓝色。果实为膜质蒴果。花期：全年，冬春（4～12月）和夏秋（6～9月）为盛花期；果期：秋季。

【产地分布】原产于南部非洲。现广植于热带地区，中国华南地区亦有栽培。

【生长习性】喜高温高湿气候。喜光，较耐阴；不耐寒；不耐干旱。在富含腐殖质、排水畅通的微酸性土壤生长良好。

【繁殖方法】播种、扦插或分株繁殖。

【园林用途】淡蓝色花朵，繁花似锦，炎炎夏日，其冷色调给人以清凉感觉。适宜在道路、公园、庭院列植、丛植或疏林下种植。

红花丹（紫雪花、紫花丹）

【学名】*Plumbago indica* L.

【科属】白花丹科，白花丹属

【形态简要】常绿直立或攀缘状亚灌木，高0.5～2m。根圆柱状，稍肉质，灰褐色。除萼具腺体外，全株无毛。枝圆柱形，有纵棱。叶纸质，长卵形或长圆状卵形，长7～13 cm，宽3～6.5 cm，全缘，先端短尖或钝，基部阔楔形，渐狭而成短柄；叶柄基部抱茎，但不成耳形。穗状花序顶生，长15～35 cm，常不分枝，花序轴无毛，具纵棱；萼绿色，长约1 cm，全部具有柄腺体；苞片3；雄蕊长达花冠管喉部；花柱较花丝短。花期：7月至翌年4月；果期：花后蒴果渐次成熟。

【产地分布】原产于热带亚洲。现广植于热带各地，中国广州、西双版纳、昆明有栽培。

【生长习性】喜温暖湿润气候。喜光，稍耐阴。对土壤要求不严，但在富含腐殖质、疏松肥沃、排水良好的土壤中生长较快。

【繁殖方法】播种或扦插繁殖。

【园林用途】花美丽，花期长，是很好的观赏植物。

白花丹（白花藤、乌面马、白花谢三娘）

【学名】*Plumbago zeylanica* L.

【科属】白花丹科，白花丹属

【形态简要】常绿蔓状亚灌木，高1～3 m。枝有条棱。叶薄，通常长卵形。总状花序常再组成圆锥花序；花轴与总花梗皆有头状或具柄的腺；花冠白色或微带蓝白色。蒴果长椭圆形，淡黄褐色；种子红褐色。花期：10月至翌年3月；果期：12月至翌年4月。

【产地分布】原产于中国海南、广东、广西、福建、四川及云南等地区。亚洲东南部有栽培。

【生长习性】喜温暖湿润气候。喜光，较耐阴，不宜在烈日下曝晒；不耐寒；不耐旱。对土壤要求不严，但在富含腐殖质、疏松肥沃、排水良好的土壤中生长较快。

【繁殖方法】播种或扦插繁殖。

【园林用途】可置于路边林下，也可用于海边绿化。

草海桐

【学名】*Scaevola taccada* (Gaertn.) Roxb.

【科属】草海桐科，草海桐属

【形态简要】常绿灌木或小乔木，高可达7m。枝中空，通常无毛，有时枝上生根，叶腋里密生一簇白色须毛。叶大部分螺旋状排列于枝顶，无柄或具短柄，匙形至倒卵形，稍肉质。聚伞花序腋生，长1.5～3 cm；花梗与花之间有关节；花冠白色或淡黄色，长约2 cm。核果卵球状，白色而无毛或有柔毛，有两条径向沟槽，将果分为两片。花期：4～10月；果期：5～12月。

【产地分布】原产于中国南海诸岛、海南、广东、广西、台湾。澳大利亚、东南亚各国及日本亦有分布。

【生长习性】喜高温潮湿气候。喜光，不耐阴；不耐寒；耐盐；抗强风。栽培土质以排水良好的砂质壤土最佳。

【繁殖方法】播种或扦插繁殖。

【园林用途】生长快，抗盐性强。可单种或和露兜、黄槿等树种进行海滨混种作海岸防风林，也可作为庭园美化树种。

福建茶（基及树）

【学名】 *Carmona microphylla* (Lam.) G. Don

【科属】 紫草科，基及树属

【形态简要】 常绿灌木，高 1～3 m。叶革质，倒卵形或匙形，长 1.5～3.5 cm，宽 1～2 cm，先端圆形或截形、具粗圆齿，基部渐狭为短柄，上面有短硬毛或斑点，在长枝上互生，在短枝上簇生。花梗极短或近无梗；花冠钟状，白色或稍带红色。核果。花期：2～6 月。

【产地分布】 原产于中国广东西南部、海南岛及台湾。华南地区广为栽培。

【生长习性】 喜温暖湿润气候。喜光，较耐阴；不耐寒；耐修剪。宜疏松肥沃、排水良好的微酸性土壤。

【繁殖方法】 扦插繁殖。

【园林用途】 枝条紧凑，四季常青，绿叶白花，婀娜婆娑，叶细发亮，造型容易，可配置道路两旁、墙脚或花坛沿边作为绿篱，也可盆栽制作盆景。

银毛树

【学名】*Messerschmidia argentea* (L.f.) Johnst.

【科属】紫草科，砂引草属

【形态简要】常绿灌木或小乔木，高1～5 m。小枝粗壮，密生锈色或白色柔毛。叶大，倒卵披针形，长7～13 cm，宽2～4 cm，集生枝顶。蝎尾状聚伞花序呈伞房式排列，花白色。核果近球形，直径约5 mm，无毛。花果期：4～6月。

【产地分布】原产于中国海南岛、西沙群岛、台湾。日本、越南及斯里兰卡有分布。中国南方沿海地区有栽培。

【生长习性】喜高温湿润环境。喜光，不耐阴；耐寒性差；耐盐性；耐旱；抗强风，喜排水良好、肥沃的砂壤土。

【繁殖方法】播种或扦插繁殖。

【园林用途】抗逆性强，树形优美，虫害又少，适合作行道树、庭园景观植物；亦可供防风定沙用，是理想的海滨园景树之一。

黄花木曼陀罗

【学名】*Brugmansia aurea* Lagerh.

【科属】茄科，木曼陀罗属

【形态简要】灌木，高0.5～2 m。全株近于平滑或在幼嫩部分被短柔毛。茎粗壮，圆柱状，淡绿色或带紫色，下部木质化。叶卵形至椭圆形，顶端渐尖，中脉下凹。花萼长，萼端裂片披针形；花冠黄色，脉纹浅绿色。花期：3～5月。

【产地分布】原产于南美洲。世界热带地区广为栽培。中国北京、青岛等多见温室栽培，福建、广东、云南南部露地栽培。

【生长习性】喜高温高湿气候。喜光。适应性强，对土壤要求不严，以排水良好的砂质壤土为佳。

【繁殖方法】播种或扦插繁殖。

【园林用途】全株有毒，花朵硕大而美丽，宜作背景材料或用于野趣园。

大花木曼陀罗

【学名】*Brugmansia suaveolens* (Humb. et Bonpl. ex Willd.) Bercht. et. J. Persl

【科属】茄科，木曼陀罗属

【形态简要】常绿灌木至小乔木，高达5 m。叶背面颜色较浅，揉碎时具臭味。花单生于上部叶腋，芳香，夜晚更甚；花萼具明显纹理；花冠长圆柱形，管口开展，绿白色，脉纹亮绿色。蒴果绿色。花期：3～5月。

【产地分布】原产于巴西东南部。世界热带地区广为栽培，中国南方各地有栽培。

【生长习性】喜高温高湿气候。喜光，稍耐阴；耐轻霜冻。喜肥力适中、排水良好的砂质壤土。

【繁殖方法】扦插繁殖。

【园林用途】花洁白硕大，是漂亮的观赏植物，宜公园、庭院孤植、丛植。

常见栽培应用的品种有：

粉花木曼陀罗 [*Brugmansia suaveolens* Bercht.et J. Presl 'Rosa Traum']：花冠管基部绿色，中部白至粉红色，具明显的绿色脉纹，管口开展。

粉花木曼陀罗

粉花木曼陀罗

鸳鸯茉莉

【学名】*Brunfelsia aucminata* (Pohl) Benth.

【科属】茄科，鸳鸯茉莉属

【形态简要】常绿灌木，株高0.5～1 m。单叶互生。花大多单生，少有数朵聚生；花冠呈高脚碟状，有浅裂；花朵初开为蓝紫色，渐变为雪青色，最后变为白色，由于花开有先后，在同株上能同时见到蓝紫色和白色的花。花期：3～10月，单花开放5～7天左右。

【产地分布】原产于美洲。现热带、亚热带地区广为栽培，中国华南地区广泛栽培。

【生长习性】喜温暖湿润的环境。喜光，耐半阴；不耐寒；耐干旱，不耐涝；不耐瘠薄。宜肥沃疏松、排水良好的微酸性土壤。

【繁殖方法】播种、扦插或压条繁殖。

【园林用途】四季常青，花繁叶茂，花色紫、蓝、白相间，鲜艳具香味，可地栽美化庭院、公园或盆栽摆设阳台、走廊等处。

大花鸳鸯茉莉

【学名】*Brunfelsia calycina* Benth.

【科属】茄科，鸳鸯茉莉属

【形态简要】常绿灌木，株高1～2m。叶较大，单叶互生，长披针形，全缘或略波皱。花高脚碟状，初开时蓝色，后转为白色，直径可达5cm，芳香，常单生或2～3朵簇生于枝顶。花期：几乎全年，10～12月为盛开期。

【产地分布】原产于西印度群岛及巴西。现世界各地广为栽培，中国华南地区有栽培。

【生长习性】喜温暖湿润气候。喜光，耐半阴；不耐寒；不耐干旱，不耐涝；不耐瘠薄。宜排水良好微酸性的肥沃砂质壤土。

【繁殖方法】播种或扦插繁殖。

【园林用途】花开期间，紫白相间，盛花期间繁花满树，色彩鲜艳绚丽具清幽芳香。适宜盆栽或作花篱，亦可丛植、片植或园林绿地点缀。

夜香树 (洋素馨)

【学名】*Cestrum nocturnum* L.

【科属】茄科，夜香树属

【形态简要】常绿灌木，高2～3 m。枝条柔软近攀缘状。叶互生，卵形或卵状披针形，长6～15 cm，宽2～4.5 cm，全缘，基部近圆形或宽楔形，顶端渐尖。伞房状聚伞花序，腋生或顶生，疏散而多花；花冠高脚碟状，长约2 cm，筒部伸长，黄绿色，傍晚开放，极香。浆果细小，矩圆状，种子长卵状。花期：5～10月；果期：冬季。

【产地分布】原产于美洲热带。现世界热带、亚热带地区广泛栽培，中国广东、广西、福建和云南有栽培。

【生长习性】喜温暖湿润气候。喜光；不耐寒，越冬低温最好在5℃以上。对土壤要求不严。

【繁殖方法】扦插繁殖。

【园林用途】枝条飘逸，花期长而繁茂，芳香扑鼻。可露地栽培于庭院、窗前、墙沿、亭畔、塘边等地，也用作切花。

紫花重瓣曼陀罗

【学名】***Datura metel* L. 'Fastuosa'**

【科属】茄科，曼陀罗属

【形态简要】灌木，高约2 m。直立，圆柱形。单叶互生，有柄，叶卵形或椭圆形，长10～14 cm。花单生于叶腋，漏斗状，重瓣，外面紫色，内边白色。蒴果近球状，疏生短刺。花期：3～12月。

【产地分布】园艺品种。中国南方各地有栽培。

【生长习性】喜温暖湿润气候。不耐寒；耐瘠薄。对土质要求不严。

【繁殖方法】扦插或播种繁殖。

【园林用途】花形美观，生长十分旺盛，宜作庭园布置。

曼陀罗（洋金花）

【学名】*Datura stramonium* L.

【科属】茄科，曼陀罗属

【形态简要】直立草本或半灌木状，高 1～2 m。茎淡绿色或紫黑色，下部木质化。叶互生，广卵形，顶端渐尖，基部不对称楔形，缘有不规则波状浅裂。花常单生于枝分叉处或叶腋，花冠漏斗状，外被短刺，下部淡绿色，上部白色或紫色。蒴果直立，卵状，表面生有坚硬的针刺，或有时无刺而近平滑，成熟后淡黄色。花期：6～10 月；果期：7～11 月。

【产地分布】原产于中美洲。现广泛种植于世界温带至热带地区。

【生长习性】喜温暖湿润气候。喜光。栽培土质以排水良好的砂质壤土为佳。

【繁殖方法】播种或扦插繁殖。

【园林用途】叶色苍翠，花大洁白，适合植于公园、庭院花境、花台。

金杯花（金杯藤、金盏藤）

【学名】*Solandra maxima* (Sessé et Moc.) P.S. Green

【科属】茄科，金杯藤属

【形态简要】常绿藤本灌木。叶片互生，长椭圆形，浓绿色。单花顶生，花冠大型，花形巨硕，直径有18～20 cm，杯体长约20 cm，有牛皮的质地，花淡黄色或金黄色，初花时，此花含苞不放，香味独特，散发出阵阵浓郁的奶油蛋糕的香味，非常好闻，对净化空气特好。果实为浆果，球形。

【产地分布】原产于中美洲。中国华南地区有栽培。

【生长习性】喜温暖湿润气候。喜光。栽培土质以排水良好的砂质壤土为佳。

【繁殖方法】扦插繁殖。

【园林用途】花大黄色，盛花时喇叭状的花朵，为新优观赏植物，是优良的荫棚植物，但全株有毒，种植和修剪时要做好防护。

冬珊瑚（珊瑚豆）

【学名】*Solanum pseudocapsicum* L. var. *diflorum* (Vell.) Bitter

【科属】茄科，茄属

【形态简要】常绿亚灌木，高0.3～0.6 m。多分枝成丛生状。叶互生，椭圆状披针形，长2～5 cm，宽1～1.5 cm，先端钝或短尖，全缘或略作波状，中脉在下面凸出。花序短，腋生，通常1～3朵，单生或成蝎尾状花序，花小；萼绿色，5深裂；花冠白色，筒部隐于萼内。浆果单生，球状，珊瑚红色或橘黄色，直径1～2 cm。花期：4～7月；果期：8～12月。

【产地分布】原产于巴西。中国广东、广西、福建露地栽培，湖南、河北、陕西等有温室盆栽栽培。

【生长习性】喜温暖至高温气候。喜光，不耐阴；不耐寒；不耐旱也不耐涝；萌芽力强，耐修剪。对土壤要求不严，但在肥沃疏松、排水良好的微酸性或中性土中生长旺盛。

【繁殖方法】播种或扦插繁殖。

【园林用途】果实浑圆晶莹，玲珑可爱，为观果珍品，适合庭植、缘栽或盆栽，果枝可作花材。

大花茄

【学名】*Solanum wrightii* Benth.

【科属】茄科，茄属

【形态简要】常绿大灌木至小乔木，高3～5 m。小枝及叶柄具刚毛与皮刺。叶互生，叶片较大，通常羽状半裂，长约30 cm，宽15～20 cm，叶面具刚毛状单毛。聚伞花序，花形大，组成二歧侧生的聚伞花序，花冠直径约7 cm，蓝紫色至近白色；花梗密被刚毛。浆果球状。花期：几乎全年。

【产地分布】原产于南美玻利维亚至巴西。现热带、亚热带地区广泛栽培，中国华南地区有栽培。

【生长习性】喜温暖湿润气候。喜光。宜肥沃疏松、排水良好的土壤。

【繁殖方法】播种、压条或嫁接繁殖。

【园林用途】叶片优美，花朵清雅美丽，适合庭园地植。

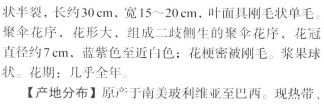

树牵牛（印度旋花）

【学名】*Ipmoea carnea* Jacquin subsp. *fistulosa* (Martius ex choisy) D.F. Austin

【科属】旋花科，番薯属

【形态简要】常绿披散灌木，高1～3 m。小枝圆柱形或有棱，具皮孔，实心或中空，有白色乳汁。叶互生，宽卵形或卵状长圆形，长6～25 cm，宽4～17 cm，顶端渐尖，具小短尖头，基部心形或截形，全缘。花冠漏斗状，淡红色至白色，蒴果卵形或球形，具小短尖头。花期：5～12月。

【产地分布】原产于热带美洲。分布于墨西哥至美国东南的佛罗里达，巴西至南美洲中部。中国广东、广西、台湾、云南西双版纳有栽培。

【生长习性】喜高温气候。喜光；耐旱；耐瘠薄。对土壤要求不严，以疏松、排水良好的砂质壤土为佳。

【繁殖方法】播种或扦插繁殖。

【园林用途】栽培容易，生长迅速，花期极长，花色清丽淡雅。可池畔栽培，也可盆栽欣赏。

红花玉芙蓉

【学名】*Leucophyllum frutescens* (Berl.) I. M. Johnston

【科属】玄参科，玉芙蓉属

【形态简要】常绿小灌木，高0.4～1.5 m。叶互生，椭圆形或倒卵形，长2～4 cm，密被银白色茸毛，质厚，全缘，微卷曲。花腋生，花冠铃形，紫红色。花期：6～10月。

【产地分布】原产于中美洲的墨西哥至北美洲的美国德州。中国华南地区园林绿地有栽培。

【生长习性】喜高温稍干旱的环境。喜光，不耐阴；耐热；耐旱，不耐涝。以疏松、肥沃排水良好的砂质壤土为佳。

【繁殖方法】扦插繁殖。

【园林用途】叶茂密，叶色独特，花期长，极美艳，是观叶、观花的优良种类。可作为道路、庭园美化，绿篱或盆栽之用。

炮仗竹

【学名】*Russelia equisetiformis* Schltr. et Cham.

【科属】玄参科，炮仗竹属

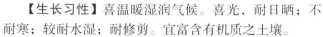

【形态简要】常绿亚灌木，株高1～2m。枝条丛生，有纵棱，蔓性匍匐状，绿色枝条轮生于茎节处。叶对生或轮生，极细，大多数退化成披针形的鳞片状。聚伞圆锥花序，花红色，花冠长筒状，长约2cm，先端不明显二唇形。花期：春夏秋季。

【产地分布】原产于墨西哥及中美洲。现中国各地均有引种栽培。

【生长习性】喜温暖湿润气候。喜光，耐日晒；不耐寒；较耐水湿；耐修剪。宜富含有机质之土壤。

【繁殖方法】分株、扦插或压条繁殖。

【园林用途】茎枝向下蔓延，极为雅致。夏秋季节纤细的枝条上垂着极多长筒形红色小花朵，犹如细竹上挂的鞭炮。可在假山、坡地、挡土墙、花坛、树坛等地进行种植，也可盆栽观赏。

粉花凌霄

【学名】*Pandorea jasminoides* (Lindl.) K. Schum.

【科属】紫葳科，粉花凌霄属

【形态简要】常绿藤本，作灌木栽培。奇数羽状复叶对生，小叶5～9枚，椭圆形至披针形，长2.5～5 cm。顶生圆锥花序，花冠白色，喉部红色，漏斗状，径约5 cm。蒴果长椭圆形、木质。花期：春夏季。

【产地分布】原产于澳大利亚。中国华南地区有栽培。

【生长习性】喜温热湿润气候。喜光；不耐寒，能耐轻霜。适生于肥沃、湿润排水良好的土壤。

【繁殖方法】播种或扦插繁殖。

【园林用途】适宜生长于温暖地带，可用于棚架、墙垣绿化，寒地可行盆栽。

常见栽培应用变种或品种有：

'斑叶'粉花凌霄 [*P. jasminoides* (Lindl.) K. Sechum. 'Ensel-variegata']：叶面有乳白或乳黄斑纹。

'斑叶'粉花凌霄

'斑叶'粉花凌霄

非洲凌霄（紫芸藤）

【学名】*Podranea ricasoliana* (Tanf.) Sprague

【科属】紫葳科，非洲凌霄属

【形态简要】常绿半蔓性灌木，高1～2 m。枝条伸长，呈半蔓性。叶对生，奇数羽状复叶；小叶长卵形，长3～4 cm，先端尖，叶缘具锯齿；叶柄具凹槽，基部紫黑色。圆锥花序顶生；花萼膨大；花粉红色至淡紫色，冠喉白色。花期：8～9月。

【产地分布】原产于非洲。中国华南地区有栽培。

【生长习性】喜温暖至高温湿润气候。喜光；不耐旱，耐水湿。宜排水良好的壤土或砂质壤土。

【繁殖方法】扦插繁殖。

【园林用途】花姿柔美悦目，适于庭院花架。绿篱美化或大型盆栽。

黄钟树（黄钟花）

【学名】 *Tecoma stans* (L.) H. B. K.

【科属】 紫葳科，黄钟花属

【形态简要】 常绿灌木，高1～3 m。枝条柔软下垂。叶对生，奇数羽状复叶，小叶阔披针形或长椭圆形，边缘有锯齿。花冠漏斗形，黄色，不明显的二唇形。果长条形，状如豆荚，种子具翅。花期：9～10月；果期：10～12月。

【产地分布】 原产于西印度群岛和南美。热带地区多有栽培，中国华南地区亦有栽培。

【生长习性】 喜高温湿润气候。喜光；不耐寒。宜土层深厚疏松的肥沃土壤。

【繁殖方法】 播种或扦插法繁殖。

【园林用途】 花期长，满树艳黄，耀眼亮丽，适合庭园绿化或石头边配植等。

硬骨凌霄

【学名】*Tecomaria capensis* (Thunb.) Spach

【科属】紫葳科，硬骨凌霄属

【形态简要】常绿半蔓性灌木，高1～2 m。茎枝半蔓性。叶对生，奇数羽状复叶，小叶菱状广椭圆形，有锯齿。总状花序顶生，花冠长筒状，橙红色。花期：全年，以夏秋季最盛。

【产地分布】原产于非洲南部。中国华南地区有栽培。

【生长习性】喜高温气候。喜光，耐半阴；不耐寒；耐旱。宜深厚疏松的肥沃砂质壤土。

【繁殖方法】扦插繁殖。

【园林用途】花明艳悦目，适合庭植、蔓篱、屋顶或大型盆栽。

常见栽培应用变种或品种有：

'橙黄'硬骨凌霄 [*T. capensis* (Thunb.) Spach 'Apricot']：花橙黄色。

'红花'硬骨凌霄 [*T. capensis* (Thunb.) Spach 'Coccinea']：花红色。

'杏黄'硬骨凌霄 [*T. capensis* (Thunb.) Spach 'Lutea']：花黄色。

'橙黄'硬骨凌霄

'红花'硬骨凌霄

'杏黄'硬骨凌霄

老鼠簕

【学名】*Acanthus ilicifolius* L.

【科属】爵床科，老鼠簕属

【形态简要】常绿有刺灌木，高0.5~1.5 m。茎粗壮直立，圆柱状。叶长圆形至长圆状披针形，长6~14 cm，宽2~5 cm，先端急尖，基部楔形，边缘4~5羽状浅裂，近革质；托叶成刺状。穗状花序顶生；革质；花冠淡蓝色，上唇退化，下唇倒卵形。蒴果椭圆形。花期：5~9月。

【产地分布】原产于中国海南、广东、广西及福建，亚洲南部至澳大利亚也有分布。中国广东、海南、广西、福建海滨常见栽培。

【生长习性】喜温暖湿润环境。喜光；不耐寒；耐盐碱；耐湿。喜生于海滩沙地上，宜疏松肥沃的砂壤土。

【繁殖方法】播种、扦插或分株繁殖。

【园林用途】海滨和湿地绿化的优良树种。

银脉单药花（单药爵床）

【学名】*Aphelandra squarrosa* Nees

【科属】爵床科，单药花属

【形态简要】多年生草本至亚灌木。叶子长15～20cm，宽约10cm；叶端尖，叶片深绿色有光泽，叶面具有明显的白色条纹状叶脉，叶缘波状。花顶生或腋生，花簇金字塔形，金黄色。苞片很大，似瓦片状层层重叠。花双唇形，萼片5枚，淡黄色。花簇呈金字塔形，苞片黄色，有时带有红色边缘，交互包裹着花梗。

【产地分布】原产于南美洲的热带、亚热带地区。中国华南地区有栽培。

【生长习性】喜潮湿、光线充足的半阴环境；生长适温为18～25℃。要求疏松肥沃的土壤。

【繁殖方法】扦插繁殖。

【园林用途】叶色斑驳可爱，花形奇特，色彩明媚灿烂，是一种既可观叶，又能赏花的优良室内盆栽花卉，宜作中、小型盆栽。

假杜鹃

【学名】*Barleria cristata* L.

【科属】爵床科，假杜鹃属

【形态简要】多年生草本至亚灌木，高0.5～1.5 m。茎圆柱形，被柔毛。叶对生，纸质，椭圆形、长椭圆形或卵形，先端急尖；两面被毛，全缘，长枝上的叶早落，短枝上的叶较小，长仅2～4 cm。花2朵生于叶腋，但在短枝的花密集；花冠二唇形，蓝紫色或白色，檐部五裂。蒴果长圆形，长1.2～1.8 cm。花期：11～12月。

【产地分布】原产于中国台湾、福建、广东、海南、广西、四川、贵州、云南和西藏等地区，中南半岛、印度和印度洋一些岛屿也有分布。中国华南地区有栽培。

【生长习性】喜高温多湿气候。喜光，耐半阴；不耐寒；不耐干旱，喜生于疏林下湿润地。不择土壤，宜疏松、排水良好的中性至微酸性壤土。

【繁殖方法】播种或扦插繁殖。

【园林用途】花色多变，同一植株常有数种色彩的花，姿美色艳，枝叶繁茂。宜在华南地区疏林下湿润地片植，也适合绿地、路边、庭院栽植观赏，盆栽装饰阳台、窗台等处。

鸟尾花（十字爵床）

【学名】*Crossandra infundibuliformis* (L.) Nees

【科属】爵床科，十字爵床属

【形态简要】多年生草本至亚灌木，高 0.2～0.6 m。茎干直立或披散。叶对生，全缘或有波状齿，狭卵形至披针形，长6～15 cm，无毛，基部楔形延长到叶柄。花序穗状，顶生或腋生，长18 cm，宽阔，成覆瓦状排列，上部2片较小，花冠红色、橙色或肉色。蒴果，长椭圆形，有棱，长1.5 cm；种子上有线状鳞片。花期：10～12月。

【产地分布】原产于非洲、印度南部和斯里兰卡。热带地区广为栽培。中国广东、福建、云南南部有栽培。

【生长习性】喜高温多湿气候。喜光，耐半阴；不耐寒冷；不耐干旱。栽培土质要求不严格，宜肥沃、疏松和排水良好的砂质壤土。

【繁殖方法】扦插或播种繁殖。

【园林用途】花期长，花色鲜明，花姿别致，形似展开的鸟尾巴，故而得名。适宜于丛植作庭院美化，布置花坛及盆栽摆设。

黄鸟尾花

【学名】*Crossandra nilotica Oliv.*

【科属】爵床科，十字爵床属

【形态简要】多年生草本至亚灌木，高 0.2～0.4 m。叶对生，披针形，全缘或波浪状，叶色浓绿富有光泽。穗状花序，阔披针形；花近顶处，腋出；花瓣 5 枚，二唇形，橙黄色。花期：3～11 月。

【产地分布】原产于南非。现热带地区广为栽培，中国南方地区有栽培。

【生长习性】喜高温高湿气候。耐阴，全日照、半日照或稍荫蔽均能成长。栽培土质要求不严，宜疏松肥沃、排水良好的砂质壤土。

【繁殖方法】扦插或播种繁殖。

【园林用途】生性强健，花期长，适合花坛成簇栽培或盆栽，为夏季优美之低矮花卉。

鸭嘴花

【学名】*Justicia adhatoda* L.

【科属】爵床科，爵床属

【形态简要】常绿灌木，株高可达3 m。枝圆柱形，灰色有皮孔，嫩枝密被灰白色柔毛。叶纸质，对生，长卵形或披针形，长10～16 cm，宽5～7 cm。穗状花序顶生，花瓣白色，内瓣上有紫红色的条纹。花期：3～5月。

【产地分布】原产于中国广东、广西、海南、云南等热带亚热带地区。中国华南地区有栽培。

【生长习性】喜温暖湿润气候。耐阴，不宜强光下直射；不耐寒，忌霜冻；较耐旱。栽培土质以排水良好的酸性砂质壤土为佳。

【繁殖方法】扦插或分株繁殖。

【园林用途】茎干柔软，枝叶青翠素雅。花开时，整株洁白花序，清新自然。适宜于公园、庭院中栽培观赏。

小叶驳骨丹（小驳骨）

【学名】*Justicia gendarussa* N. L. Burman

【科属】爵床科，爵床属

【形态简要】常绿小灌木，高约1 m。茎圆柱形，节部膨大，直立无毛。叶纸质，披针形，长4～14 cm，宽5～15 mm，顶端渐尖，基部渐狭，全缘。穗状花序生或生上部叶腋；花冠白色或带粉红色有紫斑，二唇形，上唇微裂，下唇浅裂。花期：春季；果期：6～8月。

【产地分布】原产于亚洲热带至亚热带地区。中国广东、广西、台湾、云南有栽培。

【生长习性】喜温暖至高温高湿气候。喜光，较耐阴；不耐寒；耐旱。喜疏松肥沃、排水良好的土壤。

【繁殖方法】扦插繁殖。

【园林用途】株形较小，耐修剪，叶紫色，是优良的观叶植物。适合用作绿篱，也可用于道路、花坛等处。

可爱花（喜花草）

【学名】*Eranthemum pulchellum* Andrews.

【科属】爵床科，喜花草属

【形态简要】常绿亚灌木，高可达2 m。枝四棱形，无毛或近无毛。叶对生，椭圆至卵形，叶脉明显。穗状花序顶生或腋生，长7.5 cm，通常合成为圆锥花序；花冠深蓝色，筒形。花期：秋冬季。

【产地分布】原产于印度及热带喜马拉雅地区。中国南部和西南部地区有栽培。

【生长习性】喜温暖湿润气候。喜光；不耐寒。喜疏松肥沃及排水良好的中性及微酸性土壤。

【繁殖方法】播种或扦插繁殖。

【园林用途】淡雅宜人，常片植于路边、水岸边欣赏。盆栽适合阳台、天台等处栽培，也可用于庭院的窗台、墙垣边栽培观赏。

赤苞花

【学名】*Megaskepasma erythrochlamys* **Lindau**

【科属】爵床科，赤苞花属

【形态简要】常绿灌木，株高0.6～1.2 m，高达3 m。单叶对生，大而薄，椭圆形，叶脉突出，长30～35 cm、宽10～15 cm。花顶生，总状花序，长20～30 cm；花冠二唇状，花白色，苞片赤红色，层层迭起，颜色鲜艳，可维持2个月左右而不脱落。果实棍棒状，长35 mm，宽8 mm，内有四粒种子。花期：9～11月；果期：广州地区未见结果。

【产地分布】原产于美洲热带雨林，哥斯达黎加、尼加拉瓜、萨尔瓦多、委内瑞拉、巴西有分布。中国广东、香港、福建、云南南部等地有栽培。

【生长习性】喜高温高湿气候。喜半阴，全日照、半日照均可生长；不耐寒，0 ℃时受害严重，适合在热带、南亚热带栽培，广州市区冬天嫩梢叶片易受害。不择土质，宜排水良好、疏松肥沃的砂质土壤。

【繁殖方法】扦插繁殖。

【园林用途】树形雅致，四季常绿，花繁叶茂、嫣红美丽，是国内较罕见的优良园林观赏灌木。宜作林下灌木，片植、散植均可，亦可用于建筑、亭、榭旁布景，营造狂野奔放的热带气息，或花坛布置、盆栽观赏，并可作切花材料。

紫花鸡冠爵床（美序红楼花）

【学名】*Odontonema callistachyum* **Kuntze**

【科属】爵床科，鸡冠爵床属

【形态简要】常绿灌木，高0.5～1.5 m。叶稍大，对生，卵状全缘。花顶生，聚伞圆锥花序穗状，长14～18 cm，宽6～8 cm；花具梗，梗长5～8 mm，密被短绒毛，苞片和小苞片微小，裂片三角状披针形，密生微毛；花冠紫红色，花药背着生。蒴果长，圆柱形，有种子。花期：4～5月；果期：6～8月。

【产地分布】原产中美洲热带雨林区。中国华南地区有栽培。

【生长习性】喜湿润的亚热带气候。喜温暖、不耐寒。要求排水良好、湿润肥沃、阳性、疏松肥沃的砂质土壤。

【繁殖方法】扦插或播种繁殖。

【园林用途】枝叶浓密，花大而色红，适应性较强，病虫害少，容易管理，集绿化、美化、彩化于一身，是华南地区近年新开发的的园林绿化植物，适用于庭院、城市园林和风景区绿化。

红楼花（红苞花）

【学名】*Odontonema strictum* (Nees) Kuntze

【科属】爵床科，红楼花属

【形态简要】多年生草本至亚灌木，高0.5～1.5 m。植株丛生，茎枝自地下伸长，分枝稀少；叶稍大，对生，卵状披针形，全缘，长8～12 cm。花顶生，花梗细长赤褐色，红色穗状花序成串，长15～20 cm，花多而密，花冠管状，二唇形，鲜红色，长约4 cm，花喉部略肥大。花期：9～12月。

【产地分布】原产于中美洲。热带地区普遍栽培，中国广东、海南、福建、云南南部有栽培。

【生长习性】喜高温多湿气候。喜光，耐阴；不耐寒冷；耐干，耐湿。对土壤要求不严，宜疏松肥沃排水良好的砂壤土。

【繁殖方法】扦插繁殖。

【园林用途】花序成串，花色鲜红，艳美而璀璨。花期过后，叶色鲜绿而亮泽，可观花又可观叶，植于庭园有良好的美化和绿化效果。

金苞花

【学名】*Pachystachys lutea* Nees

【科属】爵床科，金苞花属

【形态简要】常绿灌木，株高可达1 m。茎多分枝，直立，基部逐渐木质化。叶对生，卵形或长卵形，先端锐尖，叶缘波浪形，长6～8 cm，宽3～4 cm。花乳白色，唇形，顶生，花苞金黄色。花期：夏秋季。

【产地分布】原产于美洲墨西哥、秘鲁及奎亚那等地。中国华南地区有栽培。

【生长习性】喜高温高湿气候。喜光，耐阴；不耐寒。在疏松、肥沃、水湿环境良好的土壤中生长较佳。

【繁殖方法】扦插繁殖。

【园林用途】花期持久，花叶俱美。可用于庭园栽植，布置花坛，也可用作盆花作会场、厅堂、居室及阳台装饰。

火焰花

【学名】*Phlogacanthus curviflorus* (Wall.) Nees.

【科属】爵床科，火焰花属

【形态简要】常绿灌木，高达 3 m。叶椭圆形至矩圆形，顶端尖到渐尖，基部宽楔形，下延，具柄，叶面密生小点状钟乳体，长 23 cm，宽 8.5 cm。聚伞圆锥花序穗状顶生；花具梗，密被短绒毛；花冠紫红色，花冠管略向下弯，冠檐二唇形。蒴果长圆柱形，具 10 粒播种。花期：1～3 月；果期：4～5 月。

【产地分布】原产于中国云南南部。越南至印度东北部也有分布。

【生长习性】喜高温高湿的热带雨林环境。不耐旱。喜土层深厚、肥力中等、排水性良好的富含腐殖质的土壤，在干旱贫瘠的土壤中生长缓慢。

【繁殖方法】扦插繁殖。

【园林用途】花大而色彩艳丽，同时伴有大而绿的叶片，远远望去，犹如一缕缕燃烧在绿叶上的火焰，十分美丽迷人，为冬天的景色增添了色彩，且花期较长，也可观果，是一种理想的庭园栽培观赏植物。

紫叶拟美花

【学名】*Pseuderanthemum carruthersii* (Seem.) Guillaumin var. *atropurpureum* (W.Bull.) Fosberg

【科属】爵床科，山壳骨属

【形态简要】常绿灌木，高0.5～2 m。叶对生，宽披针形或倒披针形，叶紫红至红褐色，叶缘有不规则缺刻。花序顶生；花紫红色。花期：夏秋季。

【产地分布】原产于南美洲及太平洋诸岛。中国广东、福建、云南、台湾有栽培。

【生长习性】喜高温高湿气候。喜光，耐半阴；不耐寒，冬季温度5 ℃以下受寒害。喜肥沃排水良好的砂质壤土。

【繁殖方法】扦插繁殖。

【园林用途】叶美丽，色彩鲜艳，宜公园和庭院片植、列植、丛植。

紫云杜鹃（疏花山壳骨）

【学名】 *Pseuderanthemum laxiflorum* (Gray) Hubb

【科属】 爵床科，山壳骨属

【形态简要】 半落叶亚灌木，高0.5～1.2 m。茎光滑，钝四棱形，多分枝。叶对生，卵状披针形，长5～8 cm，宽2～3 cm，先端尖，具短叶柄，中肋锐棱。花顶端叶腋长出6～8朵，聚伞花序，花冠长筒状，长2.5 cm，紫色，先端5裂，直径3.5～4 cm，雄蕊2枚伸出花冠外。花期：夏秋季；果期：未见结实。

【产地分布】 原产于南美洲、亚洲热带地区。中国福建南部、广东南部、云南南部有栽培。

【生长习性】 喜高温湿润气候。喜光，耐半阴；不耐寒，冬季温度5 ℃以下受寒害。对土壤要求不严，以排水良好的壤土或腐殖土最佳。

【繁殖方法】 扦插繁殖。

【园林用途】 花姿柔美，适合庭园绿篱、丛植或盆栽。

小苞黄脉爵床

【学名】*Sanchezia parvibracteata* Sprag. et Hutch

【科属】爵床科，黄脉爵床属

【形态简要】常绿灌木，高1～2 m。叶对生，矩圆形或倒卵形，长9～15 cm，宽4～5.5 cm，顶端渐尖或尾尖，基部楔形至宽楔形，下沿，边缘为波状圆齿。总状花序，顶生于枝端；苞片大，花冠红色，二唇形，花萼红褐色。花期：3～5月。

【产地分布】原产于厄瓜多尔。热带地区普遍栽培，中国南方各地广为栽培。

【生长习性】喜高温多湿环境。喜半阴，忌强光直射；不耐寒。宜疏松肥沃湿润土壤。

【繁殖方法】扦插或分株繁殖。

【园林用途】黄色的叶脉与红枝、绿叶交相辉映，色彩丰富。可丛植于庭园、山石、水旁或疏林下，也适合做花坛布置或盆栽摆饰。

金翎花（白金羽花）

【学名】*Schaueria flavicoma* N. E. Br.

【科属】爵床科，金羽花属

【形态简要】常绿灌木，高1～1.5 m。叶对生，长卵形。顶生穗状花序，苞片心形，金黄色，花白色。花期夏秋。

【产地分布】原产于巴西。中国华南地区有栽培。

【生长习性】喜温暖湿润气候。喜半阴。宜湿润肥沃壤土。

【繁殖方法】扦插繁殖。

【园林用途】开花季节花形美观，宜庭园疏林下栽培。

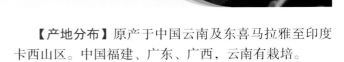

叉花草

【学名】 *Strobilanthes hamiltoniana* Steud.

【科属】 爵床科，马蓝属

【形态简要】 常绿亚灌木。茎和枝四棱形，光滑无毛，直立多分枝，节间有沟。大叶具柄，披针形，长9～13 cm，宽5～8.5 cm，顶端心形，渐尖，基部尖；小叶片卵形，边缘有细锯齿，密布线形钟乳体，通常侧脉6对。穗状花序构成疏松的圆锥花序，花单生于节上，总花梗与花轴四棱形，花萼不等5深裂，花冠淡紫色。蒴果，长8～12 mm。花期：冬春季。

【产地分布】 原产于中国云南及东喜马拉雅至印度卡西山区。中国福建、广东、广西、云南有栽培。

【生长习性】 喜温暖至高温高湿气候。喜光，耐半阴。喜肥沃排水良好的土壤。

【繁殖方法】 扦插或播种繁殖。

【园林用途】 花繁叶茂，花期长，适合公园、庭院，丛植、片植均可。

林君木（少君木）

【学名】*Suessenguthia multisetosa* (Rusby) Wassh. et J.R.I. Wood

【科属】爵床科，林君木属

【形态简要】常绿灌木，高达2～6m。具角枝。叶片大，有毛，深绿色，对生，倒卵形，长15～18cm，宽5～10cm，叶缘锯齿状。聚伞花序，花萼密被棕色绒毛，花冠钟形，冠为1.5～3.5cm，5裂，花瓣粉红色。花期：4～9月；果期：9～11月。

【产地分布】原产于玻利维亚。中国华南地区有栽培。

【生长习性】喜温暖湿润的生长环境。喜阴，过度的日照会造成叶子发白。

【繁殖方法】扦插或播种繁殖。

【园林用途】花期长，花朵艳丽，香气浓郁，可做蜜源植物，是热带和亚热带园林中重要的花灌木。可广泛应用于庭院、城市园林和风景区绿化。

硬枝老鸦嘴（直立山牵牛）

【学名】*Thunbergia erecta* (Benth.) T. Anders.

【科属】爵床科，山牵牛属

【形态简要】常绿灌木，高1～2 m。分枝纤细，四棱形。叶卵形，对生，长2～5 cm。花单生于叶腋，长1～1.3 cm；花冠二唇形，长约5 cm，管部白色，微弯曲，檐部直径3～4 cm，蓝紫色，喉部黄色。蒴果长圆锥形，长约3 cm。花期：4～12月；种子冬季成熟。

【产地分布】原产于热带非洲。中国南方各地多有栽植。

【生长习性】喜高温多湿气候。喜光，耐半阴，光照足则生长旺，分枝多。对土壤选择不严，以疏松肥沃、排水良好的砂壤土为佳。

【繁殖方法】扦插繁殖。

【园林用途】花期长，花冠美丽，花形奇特，花色为较少见的蓝紫色，为优良木本花卉。宜作公园、庭院花篱和植物造型，亦作盆栽观花植物。

臭牡丹 （臭枫根、大红袍、矮桐子、臭梧桐）

【学名】*Clerodendrum bungei* Steud.

【科属】马鞭草科，大青属

【形态简要】常绿灌木，高1～2 m。植株有臭味，小枝稍圆，皮孔显著。叶宽卵形或卵形，长8～20 cm，具锯齿，两面疏被柔毛。伞房状聚伞花序密集成头状；花冠淡红或紫红色，冠筒长2～3 cm，裂片倒卵形。核果近球形，熟时蓝黑色。花果期：5～11月。

【产地分布】原产于中国华北、西北、西南及广西、湖南、江西、浙江、江苏、安徽、湖北等地。印度、越南、马来西亚也有分布。现各地多有栽培。

【生长习性】喜温暖潮湿气候。喜半阴。宜于疏松肥沃且排水良好的基质生长。

【繁殖方法】播种、扦插或分株繁殖。

【园林用途】叶色浓绿，花朵优美，花期长，适宜栽于坡地、林下或树丛旁。亦可作为优良的水土保持植物，用于护坡、保持水土。

紫珠

【学名】*Callicarpa bodinieri* Levl.

【科属】马鞭草科，紫珠属

【形态简要】半落叶灌木，高约2 m。小枝、叶柄和花序均被粗糠状星状毛。叶片卵状长椭圆形至椭圆形，长7～18 cm，宽4～7 cm，顶端长渐尖至短尖，基部楔形，边缘有细锯齿，表面干后暗棕褐色，有短柔毛，背面灰棕色，密被星状柔毛，两面密生暗红色或红色细粒状腺点；叶柄长0.5～1 cm。聚伞花序宽3～4.5 cm，4～5次分歧，花序梗长不超过1 cm；苞片细小，线形；花柄长约1 mm；花萼长约1 mm，外被星状毛和暗红色腺点，萼齿钝三角形；花冠紫色，长约3 mm，被星状柔毛和暗红色腺点。果实球形，熟时紫色。花期：6～7月；果期：8～11月。

【产地分布】原产于中国河南南部、江苏南部、安徽、浙江、江西、湖南、湖北、广东、广西、四川、贵州、云南，越南也有分布。

【生长习性】喜温，喜湿，适宜气候条件为年平均温度15～25 ℃，年降雨量1000～1800 mm。在阴凉的环境生长较好；怕旱；怕风。土壤以红黄壤为好。

【繁殖方法】播种或扦插繁殖。

【园林用途】株形秀丽，花色绚丽，果实色彩鲜艳，珠圆玉润，犹如一颗颗紫色的珍珠，是一种既可观花又能赏果的优良花卉，常用于园林绿化或庭院栽种，也可盆栽观赏。其果穗还可剪下作切花材料。

灰毛大青（毛赪桐、灰毛臭茉莉、六灯笼）

【学名】*Clerodendrum canescens* Wall.

【科属】马鞭草科，大青属

【形态简要】常绿灌木，高1～3.5 m。叶对生，心形，长6～18 cm，宽4～15 cm，顶端渐尖，基部心形至近截形，两面密被灰白色长柔毛。聚伞花序密集成头状，花序梗较粗壮；花萼由绿变红色，钟状，有5棱角，花冠白色或淡红色，外有腺毛或柔毛。核果近球形，绿色，成熟时深蓝色或黑色，藏于红色增大的宿萼内。花期：4～8月；果期：6～10月。

【产地分布】原产于中国广东、广西、江西、福建、台湾、浙江南部、贵州东南等地。广东地区有栽培。

【生长习性】喜温暖湿润气候。喜光，耐半阴。宜疏松肥沃、水湿环境良好的砂壤土。

【繁殖方法】播种或扦插繁殖。

【园林用途】花色美丽，花期长，适宜路边林下进行配置。

臭茉莉（白花臭牡丹、朋必）

【学名】*Clerodendrum chinense* (Osbeck) Mabb. var. *simplex* (Moldenke) S. L. Chen

【科属】马鞭草科，大青属

【形态简要】常绿灌木，高0.5～1.5 m。叶对生，阔卵圆形或近心形，顶端渐尖，基部截形，宽楔形或浅心形，长9～22 cm，宽8～21 cm，粗糙，边缘有波状齿。聚伞花序顶生，花萼钟状，紫红色，被短柔毛和少数疣状或盘状腺体，花冠白色或淡粉红色。果蓝紫色。花果期：5～11月。

【产地分布】原产于中国广东、广西、福建、台湾、云南等地。

【生长习性】喜高温多湿环境。对光照要求不严。在肥沃、湿润的土壤中生长旺盛。

【繁殖方法】扦插或分株繁殖。

【园林用途】花团锦簇，淡淡幽香，枝繁叶茂。可庭院、疏林配植观赏。

常见栽培应用相近的变种或品种有：

重瓣臭茉莉 [*C. chinense* (Osbeck) Mabb.]：花重瓣。

重瓣臭茉莉

重瓣臭茉莉

重瓣臭茉莉

大青

【学名】*Clerodendrum cyrtophyllum* Turcz.

【科属】马鞭草科，大青属

【形态简要】常绿灌木或小乔木，高1～6 m。幼枝被短柔毛，枝黄褐色；冬芽圆锥状，芽鳞褐色，被毛。叶片纸质，椭圆形、卵状椭圆形、长圆形或长圆状披针形，长6～20 cm，宽3～9 cm，顶端渐尖或急尖，基部圆形或宽楔形。伞房状聚伞花序，生于枝顶或叶腋；花小，有橘香味；萼杯状；花冠白色，外面疏生细毛和腺点。果实球形或倒卵形。花果期：6月至翌年2月。

【产地分布】原产于中国华东、中南、西南（四川除外）各地区，朝鲜、越南和马来西亚也有分布。

【生长习性】生于海拔1700 m以下的平原、路旁、丘陵、山地林下或溪谷旁。

【繁殖方法】扦插或播种繁殖。

【园林用途】花形奇特美丽，洁白如雪。果圆球形，多于冬季成熟，成熟时蓝色。为优良的观赏花卉。可丛植于草地一隅或门旁两侧，也可盆栽供室内观赏。

假茉莉（苦郎树）

【学名】*Clerodendrum inerme* (L.) Gaertn.

【科属】马鞭草科，大青属

【形态简要】常绿攀缘状灌木，直立或平卧，高可达2 m。叶对生，薄革质，卵形、椭圆形或椭圆状披针形、卵状披针形，顶端钝尖，基部楔形或宽楔形，全缘，常略反卷。聚伞花序，通常由3朵花组成，少为2次分歧，着生于叶腋或枝顶叶腋；花香；苞片线形，对生或近对生；花萼钟状；花冠白色，顶端5裂，裂片长椭圆形。核果倒卵形。花果期：3～12月。

【产地分布】原产于中国福建、台湾、广东、广西，印度、东南亚至大洋洲北部也有分布。

【生长习性】常生长于海岸沙滩和潮汐能至的地方。

【繁殖方法】扦插繁殖。

【园林用途】枝叶繁密，叶色浓绿。花洁白芳香，颇为奇丽。为优良的防沙造林树种，也是海岸地区绿化树种，亦可盆栽观赏。

赪桐（状元红、百日红）

【学名】*Clerodendrum japonicum* (Thunb.) Sweet

【科属】马鞭草科，大青属

【形态简要】常绿灌木，高1～4 m。小枝四棱形。叶片圆心形，背面密具锈黄色盾形腺体。二歧聚伞花序组成顶生，成大而开展的圆锥花序，长15～34 cm，宽13～35 cm；花萼红色，散生盾形腺体；花冠红色，稀白色；雄蕊长约达花冠管的3倍。果实椭圆状球形，绿色或蓝黑色，宿萼增大，初包被果实，后向外反折呈星状。花果期：5～11月。

【产地分布】原产于中国长江以南各地。印度东北、孟加拉国、不丹、中南半岛、马来西亚、日本也有分布。中国华南地区有栽培。

【生长习性】喜温暖湿润的气候。喜光，耐阴；不耐寒。不择土壤，但在肥沃疏松和排水良好的砂质土壤中生长较佳。

【繁殖方法】分株或扦插繁殖。

【园林用途】叶大，花为艳丽红色，花期长，宜林下或花坛配植。

圆锥大青（佛塔花）

【学名】*Clerodendrum paniculatum* L.

【科属】马鞭草科，大青属

【形态简要】半落叶灌木，高1～2 m。枝条直立，小枝四棱形。单叶对生，纸质，阔卵形或心形，偶有3～5浅裂，叶基心形，叶缘细锯齿或全缘。枝梢顶生由聚伞花序组成的塔形圆锥花序，花序高可达30 cm，小花数目达上百朵之多；花冠5裂，花丝细长，花色橘红。核果球形，成熟呈碧黑色。花果期：4月至翌年2月。

【产地分布】原产于中国广东、福建、台湾。孟加拉国、缅甸、泰国、马来西亚、老挝、越南、柬埔寨、印度尼西亚有分布。

【生长习性】喜温暖湿润气候。耐阴，全日照或半日照均可。宜肥沃的有机质壤土或砂土。

【繁殖方法】播种或分株繁殖。

【园林用途】叶片墨绿，花序鲜红，一层一层似佛塔。宜作庭院、公园绿化，或花坛种植。

烟火树（星烁山茉莉）

【学名】*Clerodendrum quadriloculare* (Blanco) Merr.

【科属】马鞭草科，大青属

【形态简要】常绿灌木，高1～3 m。幼枝方形、墨绿色。叶对生，心形至圆形、浓绿、边缘有锯齿，叶面稍粗糙，叶背暗紫红色。花顶生，聚散状花序密生，长筒形，花筒紫红，前端5片洁白长条形花瓣，外卷成半圆形。果实椭圆形。花期：6～11月。

【产地分布】原产于菲律宾及太平洋群岛等地。中国广东、福建、云南南部有栽培。

【生长习性】喜温暖湿润的气候。喜光，耐半阴；不耐寒；稍耐干旱；抗病虫害；稍耐瘠薄。不择土壤，宜肥沃疏松、排水良好的壤土。

【繁殖方法】扦插或分株繁殖。

【园林用途】株形美观，叶色秀美，花期长，花色绚丽多彩，花蕊翩翩起舞，好似繁星闪烁，犹如"团团烟火"，适宜庭园绿化。

美丽赪桐（艳赪桐）

【学名】*Clerodendrum speciosissimum* C. Morren

【科属】马鞭草科，大青属

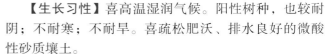

【形态简要】常绿蔓性灌木，多作藤本栽培，园林上也可做灌木运用。枝四棱形。叶对生，卵圆状心形，长达30 cm，全缘或有齿，密生毛。大型圆锥花序顶生或腋生；花鲜红色，花冠筒细，高脚碟状，雄蕊细长，突出花冠外。花期长，自夏至秋开放。

【产地分布】原产于亚洲热带，海南有野生。中国南方地区有栽培。

【生长习性】喜高温湿润气候。阳性树种，也较耐阴；不耐寒；不耐旱。喜疏松肥沃、排水良好的微酸性砂质壤土。

【繁殖方法】扦插繁殖。

【园林用途】分枝多，枝条下垂，花繁而色艳，十分美丽，观赏价值极高，宜作花架、花廊、墙垣等垂直绿化。

红萼龙吐珠

【学名】*Clerodendrum speciosum* W. Bull

【科属】马鞭草科，大青属

【形态简要】常绿攀缘状灌木，多作藤本栽培，园林上也可做灌木运用。单叶对生，纸质，长卵形或卵状椭圆形，全缘且叶脉明显，先端渐尖，基部近圆形，叶脉呈紫褐色。聚伞花序成圆锥状，腋生或顶生，小花密生，花冠鲜红色卵形，具细长冠筒，花萼紫红色；雄蕊白色，4枚，细长线形且突出花冠外；花瓣易脱落，但萼片留存长久，成为主要观赏部位。核果、球形，种子4粒，黑色。盛花期：9～12月。

【产地分布】原产于非洲热带地区。中国华南地区广为栽培。

【生长习性】喜高温湿润环境。全日照、半日照均可开花；生长迅速，春末夏初及秋季植株生长势最佳。土壤排水需良好。

【繁殖方法】扦插繁殖。

【园林用途】花萼留存时间长，观赏期为全年。花朵艳丽，可供观赏，适合装点棚架、篱栅等处，亦可地栽灌木栽培，或可做盆栽室内观赏。

龙吐珠

【学名】*Clerodendrum thomsonae* Balf.

【科属】马鞭草科，大青属

【形态简要】常绿攀缘状灌木，多作藤本栽培，园林上也可做灌木运用。茎四棱形，小枝髓部嫩时疏松，老后中空，无毛。叶对生，纸质，椭圆状卵形，长4～10 cm，宽1.5～4 cm，先端渐尖，基部圆形，全缘。二歧聚伞花序腋生或假顶生；苞片狭披针形；花萼白色，基部合生；花冠深红色，外被细腺毛；花冠管与花萼近等长；雄蕊及花柱长而突出。核果近球形，外果皮光亮，棕黑色；宿存萼红紫色。花期：3～5月。

【产地分布】原产于热带非洲西部。中国华南地区有栽培。

【生长习性】喜高温多湿气候。喜光，耐半阴；不耐寒，冬季长期低于10 ℃可引起落叶至死亡。宜疏松肥沃、排水良好的壤土。

【繁殖方法】播种或扦插繁殖。

【园林用途】蔓性株形，花期艳丽繁盛，可庭院绿化，可作花架，也有作盆栽点缀窗台庭院。

常见栽培应用的变种或品种有：

'花叶'龙吐珠（*C. thomsonae* Balf. 'Variegatum'）：叶片有不规则白色斑纹。

'花叶'龙吐珠

'花叶'龙吐珠

垂茉莉（黑叶龙吐珠）

【学名】*Clerodendrum wallichii* Merr.

【科属】马鞭草科，大青属

　　【形态简要】常绿灌木，高2～4 m。叶片近革质，长圆形或长圆状披针形，长11～18 cm，宽2.5～4 cm。聚伞花序排列成圆锥状，下垂；花萼鲜红色或紫红色；花冠白色。核果球形，初时黄绿色，成熟后紫黑色，光亮。花果期：11月至翌年4月。

　　【产地分布】原产于中国广西西南部、云南西部和西藏，印度东北部、孟加拉国、缅甸北部至越南中部也有分布。中国福建、广东有栽培。

　　【生长习性】喜高温湿润气候。喜光；不耐寒。不择土壤，宜肥沃疏松、排水良好的砂质土壤。

　　【繁殖方法】扦插或压条繁殖。

　　【园林用途】枝条柔蔓，株形美观，花白色，洁雅、奇特。适宜做庭园观赏。

假连翘（莲荞、番仔刺、洋刺）

【学名】*Duranta erecta* L.

【科属】马鞭草科，假连翘属

【形态简要】常绿灌木，高5 m。叶对生，卵状椭圆形或倒卵形，长2～6.5 cm，宽1.5～3.5 cm。总状花序顶生，花蓝紫色，高脚碟状，5浅裂，管部稍弯曲。核果球形有光泽，金黄色，有增大宿存花萼包围。花果期：5～10月，南方全年有花果。

【产地分布】原产于热带美洲。中国华南地区常见栽培。

【生长习性】喜温暖湿润气候。喜光，耐半阴；不耐寒。喜排水良好、肥沃的砂壤土。

【繁殖方法】播种或扦插繁殖。

【园林用途】枝条纤细柔弱，随风摇曳，花期长，花美丽，是优良的花灌木。适于作绿篱、绿墙花廊，或悬垂于石壁。

常见栽培应用的变种或品种有：

'白花'假连翘（*D. erecta* L. 'Alba'）：花为白色。

'蕾丝'假连翘（*D. erecta* L. 'Dark Purple'）：花镶白色花边。

'金叶'假连翘（*D. erecta* L. 'Golden Leaves'）：嫩叶金黄色，老叶呈黄绿色。

'金边'假连翘（*D. erecta* L. 'Marginata'）：叶具金黄色边缘。

'花叶'假连翘（*D. erecta* L. 'Variegata'）：叶具黄色或黄白色斑，夏、秋、冬三季开淡紫色花，边开花边结果。

'蕾丝'假连翘

'白花'假连翘

'蕾丝'假连翘

'蕾丝'假连翘

'金叶' 假连翘

'蕾丝' 假连翘

'金叶' 假连翘

'金叶' 假连翘

'金边'假连翘

'金边'假连翘

'花叶'假连翘

'花叶'假连翘

冬红

【学名】*Holmskioldia sanguinea* Retz.

【科属】马鞭草科，冬红属

【形态简要】常绿灌木，高3～7m。叶对生，膜质，卵形，基部圆形或近平截，叶缘有锯齿，长5～10cm。聚伞房花序生于上部叶腋，常组成圆锥状；花萼砖红色或橙红色，由基部向上扩张成一阔倒圆锥形杯；花冠管状，橙红色，自花萼中央伸出。核果倒卵形，包藏于宿存、扩大的花萼内。花期：冬末至春初；果期：春季。

【产地分布】原产于喜马拉雅山。热带地区广植，中国广东、广西、台湾等地有栽培。

【生长习性】喜温暖多湿气候。喜光；不耐寒。栽培土质以肥沃和保水力强的砂质壤土为佳。

【繁殖方法】扦插繁殖。

【园林用途】株形柔细披散，花开浓艳，花萼扩展形似帽檐，形态别致。适作园景树，可栽作花架、绿篱或盆栽。

马缨丹（五色梅、臭草）

【学名】*Lantana camara* L.

【科属】马鞭草科，马缨丹属

【形态简要】常绿灌木，高1～2 m。茎枝呈四方形，常有刺。单叶对生，卵圆形，长3～8.5 cm，宽1.5～5 cm；顶端急尖或渐尖，基部心形或楔形，边缘有钝齿，表面有粗糙的皱纹和短柔毛，背面有小刚毛。花序密集成头状，花冠黄色或橙黄色，后转红色。果圆球形，直径约4 mm，成熟时紫黑色。花期：几乎全年。

【产地分布】原产于美洲热带地区。热带、亚热带各地常见栽培，中国广东、广西、福建、台湾有栽培。

【生长习性】喜温暖湿润气候。喜光；不耐寒；耐干旱。不择土壤，宜于肥沃、疏松和排水良好的砂质土壤中生长。

【繁殖方法】播种、扦插或压条繁殖。

【园林用途】花色艳丽，五彩缤纷，果熟紫黑色，亦颇具观赏价值。适合公园、庭院、道路两侧绿化，可用作地被、花篱、花丛、花坛等。

常见栽培应用的变种或品种有：

'柔花'马缨丹 [*L. camara* L.var. *mista* (L.) L. H. Bailey]：植株铺地生长。叶卵形，先端急尖，花艳红色。

'雪白'马缨丹 [*L. camara* L.var. *nivea* (Vent) L. H. Bailey]：植株挺立生长。叶卵形，先端渐尖，花雪白色。

'黄花'马缨丹 [*L. camara* L. 'Flava']：花金黄色。

'柔花'马缨丹

'柔花'马缨丹

'柔花'马缨丹

'雪白'马缨丹

'黄花'马缨丹

'黄花'马缨丹

蔓马缨丹（紫花马缨丹）

【学名】*Lantana montevidensis* Briq.

【科属】马鞭草科，马缨丹属

【形态简要】常绿匍匐灌木，高0.7～1 m。枝蔓性下垂，细小无刺。叶薄，对生，卵形，长约2.5 cm；粗糙，边缘有锯齿。头状花序，花细小，淡紫红色；苞片阔卵形，长不超过花冠管的中部。花期：全年。

【产地分布】原产于南美洲。现热带地区常见栽培，中国南方各地有栽培。

【生长习性】喜温暖潮湿气候。喜光；不耐寒；耐干旱。对土壤要求不严，栽培土以肥沃的砂质壤土最佳。

【繁殖方法】播种或扦插繁殖。

【园林用途】枝条蔓柔，花开繁盛，适应性强。常植于小花坛、花台、花境，可配置于墙旁、陡坡，是很好的地被和悬垂植物。

斑叶香娘子

【学名】*Premna obtusifolia* R. Br. 'Variegata'

【科属】马鞭草科，豆腐柴属

【形态简要】常绿灌木，高3 m。叶对生，阔卵形或椭圆形，先端钝或短突，全缘，薄革质；叶面有白色斑块或斑点。花小，顶生，黄白色。花期：1～3月。

【产地分布】园艺品种。中国华南地区有栽培。

【生长习性】喜高温高湿气候。喜光；耐盐碱；耐旱；耐贫瘠；抗风；生长快速。不择土壤，宜排水良好的砂质壤土。

【繁殖方法】扦插繁殖。

【园林用途】叶色绿白相间，优雅美观，如六月飞雪。适用于庭院、道路、滨海绿化，亦可用作花坛美化或作盆景观赏。

蓝花藤

【学名】*Petrea volubilis* L.

【科属】马鞭草科，蓝花藤属

【形态简要】常绿攀缘状灌木。小枝灰白色，具椭圆形皮孔，被毛，叶痕显著。叶对生，革质，触之粗糙，椭圆状长圆形或卵状椭圆形，长6.5～14 cm，宽3.5～6.5 cm。总状花序顶生，下垂，总花梗长10 cm以上，被短毛；花蓝紫色。花期：4～5月。

【产地分布】原产于古巴。中国热带和亚热带地区有栽培。

【生长习性】性喜高温，冬季寒流侵袭会有落叶现象。

【繁殖方法】扦插繁殖。

【园林用途】亚热带地区种植于庭园，装点棚架、墙垣等处；温带地区则须盆栽、桶养。花紫蓝色，排成串、下垂，是美丽的观赏植物。

乌干达赪桐（蓝蝴蝶）

【学名】*Rotheca myricoides* (Hochst.) Steane et Mabb.

【科属】马鞭草科，三对节属

【形态简要】常绿灌木，高0.5～1.5 m。叶对生，倒卵形至倒披针形，先端尖或钝圆，叶缘上半段有浅锯齿，下半段全缘。圆锥花序顶生，花白色，花瓣平展花冠两侧对称，唇瓣紫蓝色；杯形花萼5裂，略带紫色；雄蕊细长，伸出花冠外。果实椭圆球状，表面具点状纹路。花期：早春至夏季。

【产地分布】原产于乌干达。中国华南地区有栽培。

【生长习性】喜高温湿润气候。喜光，耐半阴；不耐寒。宜肥沃疏松、排水良好的砂质土壤。

【繁殖方法】扦插繁殖。

【园林用途】株形美观，花蓝紫色，艳丽，造形似蝴蝶。适宜做庭园观赏或盆栽。

黑仔树（南方黄脂木）

【学名】*Xanthorrhoea australis* R.Br.

【科属】黄脂木科，黄脂木属

【形态简要】常绿灌木。茎粗状，黑褐色，高达数米，上部有分枝。叶集生茎端，细长线状，拱形下垂，长1～1.5 m；绿色，革质，横断面四边形。花小，线性，白色或乳白色。花期：冬至春季。

【产地分布】原产于澳大利亚东南部。中国华南地区有栽培。

【生长习性】喜温暖、湿润气候。喜明亮光照；不耐寒。

【繁殖方法】播种繁殖。

【园林用途】树形俊美英气，细线形的叶柔中带刺，品味高雅，是珍贵的庭园观赏树。因树干呈黑色，在原产地被称为"黑仔树"（Blackboy）。寿命极长，若遇火烧，仍会再生。

朱蕉（铁树）

【学名】 *Cordyline fruticosa* (L.) A. Cheval.

【科属】 龙舌兰科，朱蕉属

【形态简要】 常绿灌木，高1~3 m。具匍匐状根茎，茎直立无分枝。叶聚生于茎或枝的上端，近革质，矩圆形至矩圆状披针形，长25~50 cm，宽5~10 cm，绿色或带紫红色，叶柄有槽，基部变宽，抱茎。圆锥花序生于上部叶腋，长30~60 cm；花白色、淡红色至紫色；花被片6枚，条形。浆果球形。花期：4~9月；果期：7~12月。

【产地分布】 原产于亚洲热带，大洋洲，世界热带和亚热带地区广为栽培。中国广东、广西、福建、台湾等地区有栽培。

【生长习性】 喜高温湿润气候。喜光，耐半阴；耐寒性不强；不耐干旱，也不耐积水。在富含有机质、湿润、排水良好的土壤中生长旺盛。

【繁殖方法】 扦插繁殖。

【园林用途】 株形美观，端庄整齐，叶色艳丽。可用于庭园、公园片植栽培，或道路密植作为地被，也可盆栽摆放在会场、公共场所、厅室出入处。

常见的有下列栽培品种：

'亮叶'朱蕉 [*C. fruticosa* (L.) A. Cheval. 'Aichiaka']：新叶鲜红色，后渐变为绿色或紫褐色，有艳红色边缘。

'翡翠'朱蕉（彩虹朱蕉）[*C. fruticosa* (L.) A. Cheval. 'Crystal']：叶宽，边缘红色，中央有数条鲜黄绿色纵条纹。

'娃娃'朱蕉（矮朱蕉）[*C. fruticosa* (L.) A. Cheval. 'Dolly']：矮生种，叶椭圆形，呈丛生状，深红色，叶缘红色。

'考艾岛玫瑰'朱蕉 [*C. fruticosa* (L.) A. Cheval. 'Kauai Rose']：叶宽阔，长椭圆形，叶面皱褶，叶缘微卷，绿色，幼叶砖红色或有淡红色条斑。

'黑扇'朱蕉（黑密叶朱蕉）[*C. fruticosa* (L.) A. Cheval. 'Maroon']：植株矮小，枝叶紧凑，叶色暗紫色。

'安德烈小姐'朱蕉 [*C. fruticosa* (L.) A. Cheval. 'Miss Andrea']：叶绿色，有不规格白色斑纹。

'长叶'朱蕉（马尾铁）[*C. fruticosa* (L.) A. Cheval. 'Morokoshiba']：叶片细长，新叶向上伸长，老叶垂悬状，叶中间绿色，叶缘有紫红色或鲜红色条纹。

'新几内亚黑'朱蕉 [*C. fruticosa* (L.) A. Cheval. 'New Guinea Black']：叶披针形，舒展直立，褐铜色，接近黑色。

'库西欧王子'朱蕉 [*C. fruticosa* (L.) A. Cheval. 'Prince Kuhio']：叶宽阔，椭圆形，幼叶暗红色，后渐转为绿色，叶尖微卷。

'绿叶'朱蕉 [*C. fruticosa* (L.) A. Cheval. 'Ti']：叶在茎上部排列呈螺旋状上升，亮绿色，较宽大。

'丽叶'朱蕉（三色朱蕉）[*C. fruticosa* (L.) A. Cheval. 'Tricolor']：叶色彩丰富，绿中带黄、粉红、淡绿等色的条纹，幼叶还有红色边缘。

'亮叶'朱蕉

'亮叶'朱蕉

'翡翠'朱蕉

'翡翠'朱蕉

'翡翠'朱蕉

'娃娃'朱蕉

'娃娃'朱蕉

'考艾岛玫瑰'朱蕉

'考艾岛玫瑰'朱蕉

'黑扇'朱蕉

'黑扇'朱蕉

'黑扇'朱蕉

'安德烈小姐'朱蕉

'长叶'朱蕉

'长叶'朱蕉

'新几内亚黑'朱蕉

'库西欧王子'朱蕉

'绿叶'朱蕉

'绿叶'朱蕉

'丽叶'朱蕉

'丽叶'朱蕉

海南龙血树（山海带）

【学名】*Dracaena cambodiana* Pierre ex Gagnep.

【科属】龙舌兰科，龙血树属

【形态简要】常绿灌木或小乔木，高2～4 m。树皮灰白色，幼枝有环状叶痕。叶簇生于分枝的顶端，线状披针形，互相套叠，长70 cm，宽1.5～3 cm，基部抱茎。圆锥花序大，花序轴无毛或近无毛，3～7朵簇生，乳白色或淡黄色。浆果圆球形。花期：7月。

【产地分布】原产于中国海南、广西、越南、柬埔寨亦有分布。

【生长习性】喜高温多湿气候。喜光；不耐寒；极耐干旱，不耐水湿。喜生于钙质土壤中。

【繁殖方法】扦插或播种繁殖。

【园林用途】树姿美观，富热带色彩。适宜在庭园中群植于草地的一隅，或园径两侧和建筑物前作点缀。

巴西铁 _{（香龙血树）}

【学名】 *Dracaena fragrans* (L.) Ker-Gawl.

【科属】 龙舌兰科，龙血树属

【形态简要】 常绿灌木或小乔木，株高约6 m。叶多聚生于茎顶端，长椭圆状披针形，长30～90 cm，宽5～10 cm，绿色，或具不同颜色的条纹。圆锥花序顶生，花小，白色或乳黄色，芳香。浆果球状，内含种子1～3个。花期：3～5月；果期：6～8月。

【产地分布】 原产于南非。中国南方地区有栽培。

【生长习性】 喜高温多湿气候。耐阴，忌阳光直射。喜疏松、肥沃、通气、透水的砂质土壤。

【繁殖方法】 扦插繁殖。

【园林用途】 叶色美丽，为著名的室内观赏植物。多盆栽供厅堂、场馆及居家观赏；也可在公园、庭院中栽培观赏。

常见栽培的园艺品种有：

'金心'香龙血树 [*Dracaena fragrans* (L.) Ker-Gawl. 'Massangeana']：叶中部黄色，两侧翠绿色。

'金心'香龙血树

红边龙血树（马尾铁）

【学名】*Dracaena marginata* Lam.

【科属】龙舌兰科，龙血树属

【形态简要】常绿灌木，株高可达5m。茎干直立，圆状挺直，叶片细长，新叶向上伸长，老叶垂悬状，叶中间绿色，叶缘有紫红色或鲜红色条纹。

【产地分布】原产于马达加斯加。

【生长习性】性喜高温多湿。耐阴，也耐强光；耐旱；生长缓慢。栽培土质不拘，但以肥沃的砂质壤土为佳，排水需良好。

【繁殖方法】扦插、分株或取花穗上的芽体繁殖。

【园林用途】大都用做庭园树、盆栽、插花的花材。

常见栽培的园艺品种有：

'三色'马尾铁 [*Dracaena marginata* Lam 'Tricolor']：叶片具有红、黄、绿3色，叶片色更红，远望之如红火之状，尤以叶背红色着色率更高，又称为"五彩马尾铁"。

三药槟榔

【学名】*Areca triandra* Roxb.

【科属】棕榈科，槟榔属

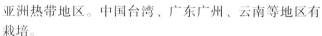

【形态简要】常绿灌木至小乔木，茎丛生，高3～4 m或更高。具明显的环状叶痕。叶羽状全裂，长1 m或更长，约17对羽片，顶端1对合生，上部及顶端羽片较短而稍钝，具齿裂。花序和花与槟榔相似，但雄花更小，只有3枚雄蕊。果实卵状纺锤形，顶端变狭，具小乳头状突起，果熟时由黄色变为深红色。播种椭圆形至倒卵球形，长1.5～1.8 cm，直径1～1.2 cm。果期：8～9月。

【产地分布】原产于印度，中南半岛，马来半岛等亚洲热带地区。中国台湾、广东广州、云南等地区有栽培。

【生长习性】喜温暖、湿润和背风的环境。喜半阴，无论是幼苗或成树都应在树荫下栽培；抗寒性比较弱，小苗期易受冻害，但随着树的成长而不断提高。

【繁殖方法】播种或分株繁殖。

【园林用途】形似翠竹，姿态优雅，宜布置庭院或盆栽；树形美丽，宜丛植点缀于草地上。

鱼骨葵（矮桄榔）

【学名】 *Arenga tremula* (Blanco) Becc.

【科属】 棕榈科，桄榔属

【形态简要】 常绿灌木。茎密被棕褐色叶鞘纤维。羽状小叶边缘及顶端有啮蚀状锯齿，叶片大型，羽状全裂，叶长5～8 m；羽片多数，长35～50 cm，倒披针形，背面灰白色，边缘及顶端有啮蚀状锯齿。花橙色，具芳香。果近球形，直径2～2.5 cm，熟时红至紫红色，内有种子1～3粒。花期：4～6月；果期：6月至翌年3月。

【产地分布】 原产于菲律宾群岛，中国海南、广西和云南西部至东南部。中南半岛、东南亚等地区有栽培。

【生长习性】 喜半阴，全日照，耐阴；耐寒。不择土壤。

【繁殖方法】 播种或分株繁殖。

【园林用途】 株形美观，果实红艳，挂果时间长，为优良的观叶、观果植物，适合公园、绿地与路边、建筑旁丛植观赏。可数株群植于庭院或孤植。

华南园林植物——灌木卷

384

短穗鱼尾葵

【学名】*Caryota mitis* Lour.

【科属】棕榈科，鱼尾葵属

【形态简要】常绿丛生灌木至小乔木，高5～8 m。茎绿色，表面被微白色的毡状绒毛。叶长3～4 m，下部羽片小于上部羽片；幼叶较薄，老叶近革质。佛焰苞与花序被糠秕状鳞秕，花序短，长25～40 cm，具密集穗状的分枝花序；花瓣卵状三角形，长3～4 mm；退化雄蕊3枚。果球形，成熟时紫红色，具1颗种子。花期：4～6月；果期：8～11月。

【产地分布】原产于中国海南、广西等地区。越南、缅甸、印度、马来西亚、菲律宾、印度尼西亚（爪哇）等地有分布。

【生长习性】喜温暖，有较强的耐寒力。

【繁殖方法】播种或分株繁殖。

【园林用途】丛生状生长，树形丰满且富层次感，短穗鱼尾葵叶片翠绿，花色鲜黄，果实如圆珠成串。适宜栽培于公园，庭院中观赏，也可盆栽作室内装饰用。

袖珍椰子

【学名】*Chamaedorea elegans* Mart.

【科属】棕榈科，竹节椰属

【形态简要】常绿小灌木，高 0.5～1.5 m。单茎直立，不分枝，细长如竹，深绿色，上具不规则花纹。叶一般着生于枝干顶，羽状全裂，裂片披针形，互生，深绿色，有光泽，叶轴两边各具小叶 12～14 对，条形至狭披针形。花雌雄异株；肉穗花序腋生，花黄白色，呈小球状；花序直立。浆果橙黄色。花期：春季；果期：6～8 月。

【产地分布】原产于墨西哥。中国华南地区有栽培。

【生长习性】喜温暖湿润气候。喜半阴。栽培基质以排水良好、湿润、肥沃壤土为佳。

【繁殖方法】播种繁殖。

【园林用途】株形优美，小巧玲珑，叶片潇洒，姿态秀雅，浓绿光亮。适宜庭院、公园绿化，也可盆栽观赏，用于室内布置。

红槟榔（猩红椰子）

【学名】*Cyrtotachys renda* Blume

【科属】棕榈科，猩红椰属

【形态简要】常绿灌木，高3～4m。树干细长。叶片顶生，羽状复叶呈"弓"形，羽片25～30对，线形。花单性，雌雄同株；肉穗花序下垂，红色。

【产地分布】原产于马来西亚，新几内亚，太平洋一些岛屿。

【生长习性】喜高温，喜湿，冬季气温不低于20℃。要求肥沃的砂质壤土。

【繁殖方法】播种或分株繁殖。

【园林用途】树姿优美，叶柄与叶鞘猩红色，可用于庭园种植。

散尾葵（黄椰子）

【学名】*Dypsis lutescens* (H. Wendl.) Beentje et Dransf.

【科属】棕榈科，金果椰属

【形态简要】常绿丛生灌木，高2～5 m。树干平滑光洁，被白粉，有环纹，基部略膨大。叶羽状全裂，叶色淡绿有光泽，羽片披针形。花雌雄同株；花序生于叶鞘之下，呈圆锥花序式，花小，卵球形，金黄色，螺旋状着生于小穗轴上。果椭圆形，鲜时土黄色，干时紫黑色。花期：5～6月；果期：7～9月。

【产地分布】原产于马达加斯加。中国华南地区有栽培。

【生长习性】喜温暖湿润气候。喜半阴；耐寒性差。宜疏松、排水良好、肥沃的壤土。

【繁殖方法】播种或分株繁殖。

【园林用途】株形优美，枝叶茂密，四季常青，是良好的观叶植物。适宜庭园、草地绿化，也可盆栽供室内摆放。

刺葵

【学名】*Phoenix loureiroi* Kunth

【科属】棕榈科，刺葵属

【形态简要】常绿灌木至小乔木，高2～5 m。叶长达2 m；羽片线形，单生或2～3片聚生，呈4列排列。佛焰苞长15～20 cm，褐色，不开裂为2舟状瓣；花序梗长60 cm以上；雌花序分枝短而粗壮；雄花近白色。果实长圆形，成熟时紫黑色，基部具宿存的杯状花萼。花期：4～5月；果期：6～10月。

【产地分布】原产于中国台湾、广东、海南、广西、云南等地。

【生长习性】生于海拔800～1500 m的阔叶林或针阔混交林中。

【繁殖方法】播种繁殖。

【园林用途】树形美丽，可作庭园绿化植物，果可食，嫩芽可作蔬菜，叶可作扫帚。

美丽针葵（软叶刺葵、江边刺葵）

【学名】*Phoenix roebelenii* O. Brien

【科属】棕榈科，刺葵属

【形态简要】常绿灌木至小乔木，高 1～3 m。茎单生或丛生，有残存的三角状叶柄基部。叶羽状全裂，裂片狭条形，柔软而弯垂，浅绿色至亮绿色，羽片整齐地排列成一平面。花雌雄异株；肉穗花序腋生，长 30～50 cm；淡黄色，有香味。果矩圆形，具尖头，枣红色，果肉薄，有枣味。花期：4～5月；果期：6～9月。

【产地分布】原产于中国云南。缅甸，老挝，越南也有分布。中国华南地区有栽培。

【生长习性】喜高温多湿气候。喜光，耐半阴；不耐寒。对土壤要求不严，在疏松、排水良好的肥沃土壤上生长较佳。

【繁殖方法】播种繁殖。

【园林用途】叶柔软，姿态纤细优美，是良好观叶植物。常作公园、庭院园景树或盆栽室内装饰。

棕竹（观音竹）

【学名】*Rhapis excelsa* (Thunb. ex Murr.) Henry ex Rehd.

【科属】棕桐科，棕竹属

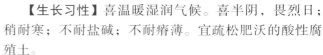

【形态简要】常绿丛生灌木，高2～3m。茎圆柱形，有节，上部被叶鞘。叶掌状深裂，集生茎顶，裂片5～10枚，条状披针形，顶端阔，有不规则齿缺，横脉多而明显。肉穗花序生于叶腋，总花序梗及分枝花序基部各有1枚佛焰苞，花淡黄色，雌雄异株。果实球状倒卵形，种子球形。花期：5～7月；果期：10月。

【产地分布】原产于中国南部至西南部。日本、中国南方地区有栽培。

【生长习性】喜温暖湿润气候。喜半阴，畏烈日；稍耐寒；不耐盐碱；不耐瘠薄。宜疏松肥沃的酸性腐殖土。

【繁殖方法】分株或播种繁殖。

【园林用途】树形优美，叶形清秀，是庭园绿化的好材料。宜配置于窗外、路边、墙角处，丛植或列植，也可盆栽室内装饰。

矮棕竹（细叶棕竹）

【学名】*Rhapis humilis* Bl.

【科属】棕榈科，棕竹属

【形态简要】常绿丛生灌木，高1.5 m。茎圆柱形，有节，上部被紧密的网状纤维的叶鞘，淡褐色。叶掌状深裂，裂片7～10（～20）片，线形，长15～25 cm，宽0.8～2 cm，边缘及肋脉上具细锯齿；叶柄约与叶片等长，较细，两面凸起，边缘平滑。花雌雄异株；花序腋生，具3～4个分枝。果球形，成熟时黑色。花期：7～8月。

【产地分布】原产于中国南部至西南部。

【生长习性】喜温暖湿润气候。耐阴。喜疏松、肥沃、排水良好的微酸性土壤。

【繁殖方法】分株或播种繁殖。

【园林用途】树形矮小优美，叶形清秀。宜配植于公园或庭园的窗外、路旁、花坛或廊隅处，也可盆栽作室内装饰。

露兜树（林投、露兜簕）

【学名】*Pandanus tectorius* Sol.

【科属】露兜树科，露兜树属

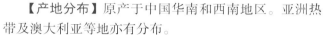

【形态简要】常绿灌木，3～5 m。常左右扭曲，具多分枝或不分枝的气生根。叶簇生于枝顶，螺旋状排列，条形，先端渐狭成一长尾尖，叶缘和叶背中脉均有粗壮的锐刺。雄花序由若干穗状花序组成，佛焰苞长披针形，雄花芳香，呈总状排列，雌花序头状，单生于枝顶，圆球形；佛焰苞多枚，乳白色。聚花果大，向下悬垂，圆球形或长圆形，核果束倒圆锥形。花期：1～5月；果期：9～10月。

【产地分布】原产于中国华南和西南地区。亚洲热带及澳大利亚等地亦有分布。

【生长习性】喜高温多湿气候。喜光，稍耐阴；不耐寒；耐盐碱。喜肥沃、湿润的砂壤土。

【繁殖方法】分株或播种繁殖。

【园林用途】根奇特、株形美观，为很好的滩涂、海滨绿化树种，也可作庭院种植和盆栽观赏。

红刺露兜树（红刺林投、扇叶露兜树）

【学名】*Pandanus utilis* Bory

【科属】露兜树科，露兜树属

【形态简要】常绿灌木或小乔木，高 1.5～5 m。根的上部裸露，气根较少，支柱根放射状伸出。叶带形，革质，由下到上螺旋状着生，叶缘和主脉下面有红色的锐刺。雌雄异株，雌花顶生成穗状花序，无花被，白色佛焰苞；雄花呈伞形状着生。聚合果菠萝状。花期：9～10 月；果期：10～11 月。

【产地分布】原产于马达加斯加。中国华南地区有栽培。

【生长习性】喜高温多湿气候。喜光，稍耐阴；不耐寒；耐盐碱。喜肥沃、湿润的砂壤土。

【繁殖方法】分株繁殖。

【园林用途】叶层叠有序，支柱根生长奇特，斜插入土。可孤植或丛植于公园、庭院、花坛、人行道旁，也可盆栽观赏。

参考文献

[1] 中国科学院中国植物志编辑委员会 . 中国植物志 [M]. 北京：科学出版社，2004.

[2] 邢福武，曾庆文，陈红锋等 . 中国景观植物 [M]. 武汉：华中科技大学出版社，2009.

[3] 邢福武，曾庆文，谢左章等 . 广州野生植物 [M]. 武汉：华中科技大学出版社，2011.

[4] 李许文，陈红锋，代色平等 . 广州适宜的植物引种来源地与气候区选择研究 . 中国园林 [J].
    2016，32(04)：96-100.

[5] 吴德邻 . 广东植物志 [M]. 广州：广东科学技术出版社，2009.

[6] 叶华谷，彭少麟 . 广东植物多样性编目 [M]. 广州：广东世界图书出版公司，2006.

[7] 中国科学院植物研究所 . 中国数字植物标本馆 [EB/OL].http：//www.cvh.ac.cn/，2004–2015.

[8] 中国科学院华南植物园 . 广东植物志 [M]. 广州：广东科学技术出版社，2009.

拉丁名索引

中文名索引

403